潮品 CHEERS

与最聪明的人共同进化

HERE COMES EVERYBODY

无中生有的宇宙

[加]劳伦斯·克劳斯 著
Lawrence M. Krauss

王岚 译

Why There Is
Something Rather
than Nothing

A UNIVERSE FROM NOTHING

天津出版传媒集团

天津科学技术出版社

上架指导：宇宙学 / 科普读物

天津市版权登记号：图字 02-2022-021 号

图书在版编目（CIP）数据

无中生有的宇宙 /（加）劳伦斯·克劳斯著；王岚译 . -- 天津：天津科学技术出版社，2022.3
书名原文：A Universe from Nothing
ISBN 978-7-5576-9909-3

Ⅰ . ①无… Ⅱ . ①劳… ②王… Ⅲ . ①宇宙—普及读物 Ⅳ . ① P159-49

中国版本图书馆 CIP 数据核字 (2022) 第 035205 号

无中生有的宇宙
WUZHONGSHENGYOU DE YUZHOU
责任编辑：刘 鹣
责任印制：兰 毅

出　　　版：天津出版传媒集团
天津科学技术出版社

地　　　址：天津市西康路 35 号
邮　　　编：300051
电　　　话：（022）23332377（编辑部）
网　　　址：www.tjkjcbs.com.cn
发　　　行：新华书店经销
印　　　刷：石家庄继文印刷有限公司

开本 710×965　1/16　印张 13.25　字数 187 000
2022 年 3 月第 1 版第 1 次印刷
定价：89.90 元

本书献给

托马斯、帕蒂、南希和罗宾，

感谢你们的帮助，激励我"无中生有"创作此书。

1897 年，在这里，什么都没有发生。

—— 科罗拉多州伍迪克里克小旅馆墙壁上的牌匾

测一测：你对宇宙了解多少？

- "物理学需要哲学，只是不需要哲学家罢了"——这是美国麻省理工学院物理学博士劳伦斯·克劳斯的观点吗？（　）

  A. 对

  B. 错

- 希格斯玻色子的存在已被大型强子对撞机所做的实验证明。这是对的吗？（　）

  A. 对

  B. 错

- 爱因斯坦一生中最伟大的工作，是他在 1916 年推导出了广义相对论吗？（　）

  A. 是

  B. 否

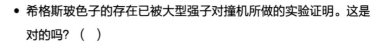

扫描左侧二维码查看本书更多测试题

宇宙能否"无中生有"

　　自从本书英文精装版首次出版以来，一些评论家曾本能地抵触宇宙是"无中生有"的这一观点，不过现在，他们的抵触情绪已经被一个支持这一观点的重大科学发现所削弱——希格斯玻色子的发现促使人们重新理解那些看似空无的空间与我们的存在之间的关系。我想在这一版的序言中详细阐述希格斯玻色子，并回应那些评论家对本书的抵触情绪。

　　当我将"Why There is Someting Rather than Nothing"（宇宙本无物，何处惹尘埃）作为本书副标题的时候，我是想将现代科学的伟大发现和一个在超过 2 000 年的时间里让神学家、哲学家、自然哲学家以及广大公众着迷的问题联系起来。但我当时完全没有意识到，我所选择的措辞可能会引发怎样的争议，就如同不论谁公开说"进化"是一种理论的时候所引发的争议一样。

　　人们通常所说的"理论"一词的意思与其在科学领域意义是截然不同的。"空无"这个词也一样，对有些人来说这是个敏感话题，是他们不愿意提及的。所以，即使只是像使用"上帝"这个词一样使用这个词，也可能被他们视为一种对立，以至于使他们对更重要的问题视而不见。使用"为什么"这个词，也会产生类似的效果。而将"为什么"和"空无"两个词结合起来就会产生爆炸性的效果。

在本书的第 9 章中，我会详细论述一个事实，我想在这里先介绍一下。在科学领域，每当有人问"为什么"时，他实际上想问的是"怎么会这样"。"为什么"在科学领域并不是一个有效的问题，因为它通常意味着因果，而且有孩子的人都知道的，一个人可以永远不停地问"为什么"，无论之前问题的答案是什么。最终，能结束对话的唯一办法似乎只能是说"它就该如此"。

随着科学的发展，问题本身的含义也会改变，尤其是"为什么"这一类的问题。这里举一个科学发展早期的例子，其中说明的许多问题和我在本书中所论述的较为近期的问题有异曲同工之处。

著名的天文学家开普勒在 1595 年声称自己顿悟了一个非常重要的问题："为什么会有 6 颗行星？"他坚信，答案就在 5 种柏拉图立体中。柏拉图立体是当时几何学中的神圣之物。这些立体的表面可以由规则的多边形如三角形、正方形等组成，并且可以外接出尺寸随着立体的面数增加而增大的球。他推测，如果用这些球将 6 颗已知行星的轨道分离开来，也许它们与太阳的相对距离以及只有 6 颗行星这一事实将足以揭示上帝这位数学家的意志（几何学是神圣的这一想法可以追溯到毕达哥拉斯）。在1595 年时，"为什么会有 6 颗行星"是一个非常有意义的问题，因为它揭示了宇宙的因果。

然而，对现在的我们来说这个问题是没有意义的。首先，我们知道太阳系的行星不是只有 6 颗，而是有 9 颗。[①] 对我而言，冥王星将永远是太阳系的一颗大行星，因为我喜欢通过这样的坚持来惹恼我的朋友尼尔·德格拉斯·泰森（Neil deGrasse Tyson）。而且我女儿四年级的科学项目是以冥王星为主题的，我不希望这个项目徒劳无功！更重要的是，我们还知道太阳系并不是独一无二的，这是开普勒与和他同时代的人所不知道的。如今，人们已经陆续发现了围绕着其他恒星旋转的 2 000 多颗行星，最有趣的是，它们是通过一颗名为开普勒的卫星发现的！

所以，更重要的问题不是"为什么"，而是"我们的太阳系怎么会有 9 颗行星（或 8 颗行星，取决于你怎么计算）？"显然，宇宙中有着许多类似太阳系的存在，它们的特性各不相同，我们真正想知道的是太阳系在一众"太阳系"中有多么典型。太阳系有 4 颗最靠近太阳的岩石行星，并在更外侧环绕着一些更大尺寸的气态巨行星，这具体是在怎样的条件下形成的？这个问题的答案也许还能揭示在宇宙其他地方找到生命的可能性。

最重要的是，我们已经意识到 6、8 或 9 并没有任何深刻的含义，它们并不代表某种神性的因果或者设计……没有证据表明宇宙中的行星分布具有这种"因果"。不仅"为什么"这一问题变为"怎么会这样"的问题，而且"为什么"这个问题本身已不再具有任何可证实的含义。

同样，当我们问"为什么有物而不是空无"的时候，我们真正的意思是"怎么会有物而不是空无"，这导致我选择的措辞再次引发争议。有许多事实似乎是大自然所创造的"奇迹"，所以显得如此"不证自明"，以致许多人放弃解释我们如何出现，而将它完全归因于上帝。但是我真正关

---

① 此处的说法为作者个人观点，而学界目前公认的说法是太阳系有 8 颗行星，冥王星不在其列。——编者注

心的问题，是科学可以解决的问题，是宇宙中所有的"物"是怎样从"无"的状态演变而来，你也可以将其理解为无形如何产生了有形。这是一件惊世骇俗的事。它打破了我们对世界的认知，尤其是有悖于各种形式的能量（包括质量）都是守恒的这一事实。常识告诉我们，"空无"从"无物"这个角度上说，总能量应该为零。那么，可观测宇宙中的约 4 000 亿个星系又从何而来？

为了让"常识"符合我们对自然的理解，我们需要修正"常识"本身。对我来说，这是科学最显著的特点和最自由的一面。对真实世界的深入了解使我们摒弃了在进化过程中产生的偏见和误解。我们的智力进化自我们的祖先，但我们祖先的生死存亡取决于对捕食者是否潜伏在树丛后面或洞穴之中的判断，而不是对原子中电子波函数的理解。

当代的宇宙概念对我们来说太新颖太陌生，甚至对于一个世纪前的科学家而言都是如此。这是对科学方法的力量和人类创造力与毅力的颂扬，非常值得庆祝。正如我在这本书中所描述的那样，"万物如何无中生有"这个问题和可能的答案比星系如何从真空中出现更有趣。科学为空间和时间的产生提供了可能的路线图，也许还为理解那些主宰时空变换的物理规律是如何意外诞生的提供了指引。

然而，对于许多人来说，即使知道这些古老问题的答案已经呼之欲出仍显不足，因为关于空无的更深层次的问题占据了他们的思想。例如我们能否得知，绝对的空无，杜绝了任何事物出现的空无，是否就是因果的尽头？或者是否可以说，能造物的空无或许仍仅是另外某些"物"的一部分，而我们，或任何其他形式的存在，也总是暗含其中？

在这本书中，我没有认真探讨这些方面，因为我不认为它们能为下面这个更有意义的话题添砖加瓦："通过探索宇宙我们可以回答哪些问题？"我不去考虑这些哲学层面的问题，并不是因为我认为投身于回答这些问题的人没有在努力定义正确的问题。相反，我忽略它们，是因为我认为它绕过了一些可以回答的物理问题。而这些与宇宙起源和演化有关的问题才是真正有趣的。毫无疑问，有人会认为这个有趣是我自己定义的，也许的确如此。但是，也正因如此，人们才更应该阅读这本书。在这本书中，我没有回答任何科学无法回答的问题。并且，我在定义"空无"和"有物"时措辞非常谨慎。如果这些定义不合你意，我也无能为力，请撰写一本属于你自己的书。但不要只因为现代科学不能慰藉你的心，就贬低这些卓越的人类探险。

现在，好消息来了！在刚过去的夏天，包括我在内的世界各地的物理学家，在一段特别反常的时间，把自己"粘"在电脑前，一同观看科学家们操作日内瓦大型强子对撞机，并直播宣布他们发现了自然拼图中缺失的最重要碎片之一 —— 希格斯玻色子。

希格斯玻色子是在约 50 年前提出的。它的提出是为了使粒子物理学的理论预测和实验观测之间能够保持一致。希格斯玻色子的发现是人类历史上最令人瞩目的智力探险之一。这一发现是任何对科学进步感兴趣的人都应该知道的，它也使这本书的主题更加非凡。这一发现进一步证明了我们能感知的宇宙只是一个巨大的、主体被隐藏起来的宇宙的冰山一角，看似空无的空间为我们的存在种下了种子。

希格斯玻色子的预测伴随着一场重要的革命，它彻底改变了 20 世纪后半叶我们对粒子物理学的理解。就在 50 年前，尽管在前半个世纪物理学取得了巨大进步，我们却只搞懂了自然界四种基本力之一的电磁力如何与量子理论保持一致。然而，在接下来的 10 年中，不仅四种已知力的其中三种都被我们调查清楚了，我们还发现了自然界有一种新的优雅的统一。我们发现，所有已知的力都可以用一个统一的数学框架来描述，而且其中两个力——电磁力和弱相互作用力（这种力主导了为太阳提供能源的核反应）实际上是同一种基本力的不同表现形式。

两种区别如此之大的力是如何相互关联的？毕竟，传递电磁力的光子没有质量，而传递弱相互作用力的粒子质量却非常大，大约是构成原子核的粒子的 100 倍，这也是弱相互作用力很小的原因。

英国物理学家彼得·希格斯（Peter Higgs）和其他几位科学家证明，如果整个空间中存在渗透其中的不可见的背景场，即希格斯场，那么可以传递如电磁力这样的力的粒子就可以与这个场相互作用，就像在糖浆中游泳一样，它们的运动会因阻力而减速。结果就是，这些粒子表现得好像它们很重一样，也就是说表现得就好像它们质量很大一样。物理学家史蒂文·温伯格（Steven Weinberg）和之后进入这一领域的阿卜杜勒·萨拉姆（Abdus Salam）将这一想法应用于谢尔登·格拉肖（Sheldon L. Glashow）之前提出的弱电和电磁力模型，结果所有的一切都相互吻合了。

这个想法可以扩展到自然界中的其他粒子，包括构成质子和中子的粒子以及像电子这样的基本粒子，而所有这些粒子又组合起来构成了原子。如果一些粒子与这个背景场发生更强烈的相互作用，那么它最终会显得更重。如果它们的相互作用较弱，它则会显得更轻。如果它们根本没有相互作用，就像光子，它仍然是无质量的。

如果有什么事情听起来让人觉得好得难以置信，那么这就是一个例子。质量的奇迹实际上就是我们存在的奇迹，因为如果没有希格斯玻色子，就不会有星星，不会有行星，也不会有人。本来隐藏着的背景场似乎就是为了让世界成为它现在的样子。

但依靠无形的奇迹属于宗教的范畴，而不是科学的内容。为了确定这一发现是否属实，物理学家必须依赖量子世界的一个特点。与每个背景场相关联的都是一种粒子。如果你在空间中选择一个点，并且用足够大的力去撞击它，就有可能将真实的粒子敲击出来。诀窍就在于要在足够小的体积上用足够大的力去撞击，而这就是症结所在。经过 50 年的尝试，包括美国最后没有成功实现的加速器在内，所有加速撞击的尝试都没有发现希格斯玻色子的踪迹。我当时打赌人们根本不会成功，因为作为一名理论物理学家，职业直觉告诉我，大自然的想象力通常会比人类更为丰富多彩。

直到 2012 年 7 月。

希格斯玻色子的发现可能不会帮助我们发明更好的烤面包机或更快的汽车。但人类对它的发现却彻底展现了人类用自己的思想和技术去理解、控制自然的能力，可歌可泣。在那看似空无的空间中就隐藏着成就我们存在的最基本的元素。

希格斯玻色子的发现进一步证实了我在这本书中谈及的许多想法。宇宙早期经历了一个超光速膨胀期，称为暴胀。在此期间基本上是从无中生有，产生了可观测宇宙中几乎所有的空间和物质。这一想法在很大程度上依赖于另一个场，和我们在过去发现的希格斯场非常相似，是在早期短暂起主导作用的场。

今天，渗透在所有空间的希格斯场的存在也引出了几个重要的问题："宇宙早期什么样的条件导致了这样的一个宇宙意外？""为什么这个场有着我们所测量到的量值呢？""它可能会与众不同吗？""如果初始条件稍微有一点偏差，物理规律会不会造就一个与我们今天所观测到的物质宇宙迥异的宇宙？"这些也正是我在本书接近尾声时所要讨论的那类问题。

　　无论这些谜题以及我将在本书中讨论的其他谜题的最终答案如何，过去 40 多年来，我们在基础物理学和天文学方面的发现都以深刻的方式改变了我们对于自己在宇宙中所处位置的认识。它们不仅改变了我们提出的问题，也改变了我们提出的问题的具体含义。这也许是现代科学最伟大的遗产，与伟大的音乐、伟大的文学作品和伟大的艺术一样，也需要被大众更加广泛地分享。

目录

A
UNIVERSE
FROM NOTHING

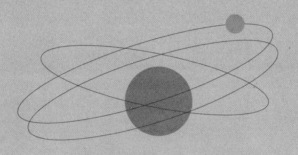

为什么有物而不是空无

不论是美梦还是噩梦，我们所体验的就是这个世界本身的样子，我们必须清醒地活着。我们生活在一个科学无处不在的世界里，这个世界既完整又真实。我们不能将它视为一场比赛，简单地选择其中一边。

——雅各布·布朗诺夫斯基

为了充分表达我的观点，在本书的开头我就必须承认，我不认同创世需要由一个创世者来实现这样的观点，尽管这个观点是世界上各种宗教的基础。美丽而神奇的事物每天都会突然出现，从寒冬清晨飘落的雪花，到夏日午后阵雨带来的彩虹。然而，除了少数例外，没有人会认为每一个这样美好的事物都是创世者充满爱心地、细致地、"人为地"创造的。大多数人都和科学家们一样，乐于在力所能及的范围之内，使用简单而优雅的物理定律来解释雪花和彩虹是如何出现的。

当然，人们自然会提出这样的问题："物理定律来自哪里？"或者更具体地问："是谁创造了这些定律？"即使有人可以回答第一个问题，提问者也经常会追问"但是那又是从哪里来的"，或者"是谁创造了它"，等等。

最终，许多博学多思的人会被迫选择一个明显需要"第一因"（First Cause）的思路，就像柏拉图、阿奎那或现代罗马天主教会所主张的那样，设想一些神圣的存在，即创世者创造了现在和未来所有的一切，这个创世者是某个人或物，是永恒并且无处不在的。

尽管提出了第一因，问题仍会接踵而至："又是谁创造了创世者？"

到最后，争论是存在一个永恒的创世者，还是存在一个没有创世者的永恒宇宙又有什么区别？

这些争论总是让我想起一个著名的故事，故事的主角是一位专家，这位专家有时被说成是伯特兰·罗素（Bertrand Russell），有时被说成是威廉·詹姆斯（William James）。他在做关于宇宙起源的讲座时突然受到一位女士的反驳。这位女士认为世界由一只巨大的乌龟驮在背上，而这只乌龟由另一只驮着，然后由另一只……还有更多的乌龟一只驮着一只！但某种通过无限回归产生自己本身的创造性的力，或者一些想象中的比乌龟力量更大的力，并不会让我们更接近于宇宙的本源。这种无限回归的隐喻实际上可能更接近宇宙诞生的真实过程，只不过这不是单单一个创世者就能解释的。

认为上帝可以为一切负责的观点似乎可以避免无限回归的问题，但是在这里我要引用我的口头禅：无论我们喜欢与否，宇宙就是这样。创世者是否存在与人们的意愿无关。一个没有上帝或目的的世界可能看起来很残酷甚至毫无意义，但是不能仅仅由于这样的理由就要求上帝真实存在。

同样，我们可能无法轻易地理解无穷，尽管数学——这个来自人类思想的产物能很好地处理它们，但这并不表示无穷不存在。宇宙在空间或时间上可能是无穷的。或者，正如理查德·费曼（Richard Feynman）曾经指出的，物理定律就像一个无限分层的洋葱，在我们探索新的尺度时，新的定律会开始起作用，只是我们无从知晓！

2 000 多年以来，人们一直在追问："为什么有物而不是空无？"以反驳这样一个命题：宇宙，一个包含了恒星、星系、人类……的巨大复杂系统，或许并不是产生于某种设计或某种意图或目的。虽然这通常被视为一个哲学或宗教问题，但它首先是一个关于自然界的问题。所以，要想解决这个问题，最恰当的手段当然是科学。

写这本书的目的很简单——我想展示一下现代科学是如何以各种不同的方式回答"为什么有物而不是空无"这样的问题。目前所获得的答案表明无中生有并不是问题。这个答案来源于惊人却又优美的实验观测结果以及构成现代物理学主要基础的理论。宇宙的诞生要求万物要无中生有。而且，所有迹象都表明这可能就是宇宙诞生的方式。

我要在这里强调"可能"这个词，因为我们也许永远都没无法获得足够的证据来明确地回答这个问题。但是，一个无中生有的宇宙是合理的，这一事实无疑是重要的，也是显而易见的。

在进一步展开讨论之前，我想对"空无"这个概念做一些说明。因为据我所知，在公共论坛上讨论这个问题时，最让那些与我持有不同观点的哲学家和神学家生气的是，作为一个科学家，我认为自己并不真正理解"空无"这个概念。

一些神学家坚持说，"空无"根本不是我所讨论的事物。他们朦胧地认为空无就是"不存在的"。这让我想起了自己在最开始与神创论者辩论时，为图尝试定义"智慧设计"所做的努力。当时，随着讨论逐渐深入，我发现除了界定什么不是"智慧设计"以外，这个词根本就没有什么明确的定义。"智慧设计"不过是一把反对进化的保护伞。同样，一些哲学家和许多神学家定义和重新定义的"空无"，不同于科学家目前所做的任何一种描述。

但在我看来，这意味着大部分神学和一些现代哲学在智力上的彻底失败。因为毫无疑问，"空无"就像"有物"一样无力，特别是如果被定义为"缺少某物"，那么我们理应准确地了解这两个量的物理性质。没有科学，任何定义都只是文字游戏。

一个世纪以前，有人用"空无"指代纯粹的真空，没有真正的物质实体，这几乎没有争议。但是，20世纪的研究结果表明，在我们更多地了解大自然如何运作之前，真空实际上远远不是我们假定的不可侵犯的空无。现在，宗教评论家告诉我，我不能将真空称为"空无"，而应该称之为"量子真空"，将其与哲学家或神学家心中理想化的"空无"区分开来。

那就这样吧。但是，如果我想将"空无"描述为没有空间和时间本身呢？这样可以吗？我猜测他们可能又会与我争论不休。如果我说，我们现在已知，空间和时间本身可以自发地出现，因此"空无"也不是真正的一无所有。他们可能又要说，逃离"真正的"空需要神性，而"空无"在神谕中被定义为"唯有上帝能造物的地方"。

还有一些和我辩论过这类问题的人也曾提出，如果有造物的"潜能"，那就不是真正的空无。当然，如果有赋予这种潜能的自然规律存在，也不是真正的空无。这样一来，即使我认为辩说自然规律本身也是自发出现的，也不够有说服力，因为能从中产生出规律的任何系统都不是真的空无。

这是"一只驮着一只的乌龟"吗？我不这么认为。但是乌龟理论显然更诱人，因为科学正在以让人不太舒服的方式改变着人们的思考内容。当然，这是科学的目的之一。在苏格拉底时代，人们可能将其称为"自然哲学"。缺乏舒适性意味着我们正踩在新发现的门槛上。当然，援引"上帝"来避免各种"怎么会这样"的难题只是一种思想上的懒惰。毕竟，如果没有创造的潜力，那么上帝也不可能创造任何东西。宣称上帝存在于自然之外，就能够避免无限回归，这样的主张更是花言巧语。因此，造物的"潜能"并不是能无中生有的"空无"的一部分。

这里我真正想要表明的是科学已经改变了人们的思考内容。因此关于空无本质的这些抽象和无用的辩论已被替换为能描述宇宙实际起源的有用的、可操作的内容。我还将解释这一观点对人类现在和将来可能产生的影响。

科学一直在极为有效地增进着我们对自然的理解，因为科学观基于三个主要原则：第一，遵循证据，不论它指向何方；第二，如果提出一个理论，就必须愿意尝试证明它是错误的，就像尝试证明它是正确的一样；第三，真理的终极仲裁者是实验，而不是从信仰中得到的精神慰藉，也不是某个理性模型形式上的美丽或优雅。

我在这里将要描述的实验结果不仅恰逢其时，而且出乎意料。科学所描绘的宇宙演化过程比任何人类杜撰出的启示图像或富有想象力的故事都要更精彩、更迷人。大自然所带来的惊喜远远超出人类的想象。

在过去的 20 年间，宇宙学、粒子理论和引力的一系列令人兴奋的进展完全改变了我们对宇宙的看法，使我们对其起源和未来的理解产生了惊人而又深刻的变化。因此，如果你能接受"空无"这个双关语，那么空无将是最有趣的写作对象。

这本书的真正灵感不是源自消除神话或攻击信仰，而是我渴望庆祝人类获取新知以及描述那绝对令人惊奇的迷人宇宙。

我们的探索将带领人们开始一段旋风般的旅程，到达膨胀宇宙的最远端，从大爆炸的最初时刻到遥远的未来，并将展示过去一个世纪中物理学领域最惊人的发现。

的确，现在写这本书的直接动机源自我们对宇宙的一个极为重要的发现。它在过去 30 年的时间里驱使我投身科学研究，并得出了惊人的结论：宇宙中的大部分能量存在于某种神秘的、现在还无法解释的形式中，渗透在整个空间。可以认真地说，这个发现改变了现代宇宙学的研究内容。

一方面，这一发现有力地支持了宇宙起源于绝对空无的观点。另一方面，它也促使我们重新思考可能影响宇宙演化过程的许多假设，以及最终，自然界的规律是否为真正根本的问题。而这些思考，都有助于我们更好地、更容易地去理解为什么有物而不是空无这一问题。

写作本书的缘由最早可以追溯到 2009 年 10 月。当时我在洛杉矶进行了一次同样题目的讲座。令我吃惊的是，理查德·道金斯基金会（Richard Dawkins Foundation）所录制的讲座视频在 YouTube 播出时造成了一阵轰动。到目前为止，这段视频已经有超过 150 万次的观看记录，并且其中的部分内容被无神论者和有神论团体在他们的辩论中反复使用。

由于人们对这一主题有着明确的兴趣，也由于在我的演讲之后网络和各种媒体上的一些令人困惑的评论，我认为值得在本书中更完整地再现我在讲座中所表达的观点。在书中，我也可以借此机会来补充我当时提出的观点。这些观点几乎全部都集中于最近发生的宇宙学革命。宇宙能量的发现和新的空间几何学改变了我们的宇宙图景。我在本书的前三分之二将对此展开讨论。

在这段时间里，我更多地思考了构成我主要观点的许多前因和想法。我和那些对此抱有极大热情的人们讨论了写书的想法，而且我更深入地分析了宇宙学对粒子物理学发展的影响，特别是关于宇宙起源和本质的问题。最后，我把我的一些观点展示给那些强烈反对它们的人，这使我能够得到一些新的启发，帮助我进一步完善我的观点。

在我构思最终想要在本书中表达的内容时，与物理学专业的同事们的讨论使我获益匪浅。我要特别感谢艾伦·古斯（Alan Guth）和弗兰克·维尔切克（Frank Wilczek）花时间与我通信和讨论，解决我的困惑，并多次帮助我完善了我的想法。

西蒙与舒斯特出版公司（Simon & Schuster）的莱斯利·梅雷迪思（Leslie Meredith）和多米尼克·安富索（Dominick Anfuso）对本书的主题很感兴趣，也给了我很多鼓励。我还与克里斯托弗·希钦斯（Christopher Hitchens）相识相知成为朋友。他是我所认识的最有修养和最具才华的人之一。此外，他在科学与宗教方面的一系列著名辩论中也使用了我在讲座中给出的一些论据。尽管克里斯托弗身体不太好，但是他却善良、慷慨、勇敢地答应为本书撰写前言。我将永远感激他的友好与信任。不幸的是，克里斯托弗最终因病去世。虽然他已竭尽全力，但完成前言也已不可能。在本书第一版付梓之前，他便已英年早逝。我想念他，没有他，整个世界都空荡荡的。在经济窘迫的情况下，我那才华横溢的朋友，著名科学家兼作家理查德·道金斯（Richard Dawkins）[①]，同意为本书撰写后记，助我渡过难关。在我的初稿完成之后，他很快就完成了后记。他的文字优雅清晰，令人惊叹，同时又充满谦逊，令我肃然起敬。对于克里斯托弗、道金斯以及上述所有人，我感谢他们的支持和鼓励，是他们激励我再次回到计算机前继续写作。

---

① 牛津大学教授，英国皇家科学院院士，有"达尔文的斗犬"之称的进化生物学家。其代表性作品《道金斯传》（全2册）、《科学的价值》、《基因之河》中文简体版已由湛庐策划，分别由北京联合出版公司、天津科学技术出版社、浙江人民出版社出版。——编者注

A
UNIVERSE
FROM NOTHING

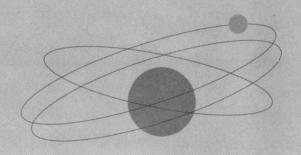

01

宇宙之谜的故事：
起源

任何旅行所涉及的第一个谜题都是：旅行者最初是怎样到达起点的？

——露易丝·博根

那是一个漆黑的夜晚，下着大暴雨。

1916 年初，爱因斯坦刚刚完成了他一生之中最伟大的工作——他推导出一个全新的引力理论并将其命名为广义相对论。为此，他已经不懈努力了 10 年。然而，广义相对论不仅仅是一个全新的引力理论，它还重新阐释了空间和时间。此外，广义相对论也是第一个不仅可以解释物体在宇宙中如何运行，还可以解释宇宙本身如何演化的科学理论。

但是，这个理论在当时的人们眼中存在一个小问题。因为，当爱因斯坦将他的理论应用于对整个宇宙的描述时，其结果与当时人们对宇宙的认知大相径庭。

今天距离当时已经过去了大约一个世纪，因此我们很难充分地认识到，在这样一个约为人类一生的时间跨度内，人类对于宇宙的认识发生过多大的改变。对于 1917 年的科学界而言，宇宙是静止的，并且是永恒的。它由唯一的星系，也就是我们所在的银河系组成，而银河系被一个巨大、无限、黑暗、空旷的空间所包围。毕竟，这是当时人们仰望星空，用眼睛或者小型望远镜观测所能得出的结论。在那时，人们没有理由去怀疑还有其他的可能。

和更早提出的牛顿引力理论一样，在爱因斯坦的理论中，引力仅仅是一种存在于所有物体之间的吸引力。这就意味着在宇宙中不可能有物体能永恒地保持静止状态，因为物体之间引力的相互作用最终会导致它们向内塌缩。这与看起来永恒静止的宇宙显然不一致。

如今，人们可能无法想象，当广义相对论所描述的宇宙与当时人们认知中的宇宙如此不同时，爱因斯坦受到了多大的打击。这是因为人们对爱因斯坦以及他的广义相对论一直有所误解，而这个误解一直令我如鲠在喉。在人们的想象中，爱因斯坦在封闭的房间里孤独地工作了很多年，和如今的一些弦理论家一样，用纯粹的思考和推理提出了他遗世独立的优美理论。然而，事实并非如此。

事实上，爱因斯坦一直深受实验和观测的指引。虽然他的确在脑海中展开过许多"思想实验"，也确实花了十余年的时间辛苦工作，学习了新的数学方法，还曾被一些错误的理论线索误导，才最终提出了一个在数学上也如此优美的理论。但是，在他与广义相对论的罗曼史中最重要的一个时刻其实是与观测相关的。在理论诞生前的最后几周，爱因斯坦异常忙碌，他正在和德国数学家戴维·希尔伯特（David Hilbert）竞争。爱因斯坦用他的方程进行计算后预测：水星绕太阳运行的轨道上的"近日点"（行星运行轨道上最接近太阳的点）会产生微小进动。如果不依靠广义相对论，就无法解释这一天体物理现象。

很久以前，天文学家就发现，水星的轨道与用牛顿理论所预测的略有差异。它并不是一个完美的椭圆，因此水星也不能在绕转一圈之后回到起点。这是因为水星的轨道会产生进动，这也意味着水星在运行一圈之后不会精确地返回起点，椭圆轨道的方向会在水星每次绕转一圈之后发生微小的改变，最终呈现出一种类似螺旋状的轨迹。水星轨道的进动非常微小：每个世纪仅有 43 个角秒（约 1/100 度）。

　　爱因斯坦用他的广义相对论对水星的轨道进行了计算，得到的结果与之前天文学家的观测完全相符。正如一位撰写爱因斯坦传记的作家亚伯拉罕·佩斯（Abraham Pais）所描述的："我相信，这个发现使爱因斯坦经历了强烈的情绪体验，这种情绪体验是他到那时为止的学术生涯乃至他一生中最强烈的。"爱因斯坦曾提到过自己当时出现了心悸，就好像体内"被什么东西咬了一下"。一个月之后，他向一个朋友描述了自己的理论，形容它"优美得无与伦比"。可见这一理论优美的数学形式带给爱因斯坦的愉悦是显而易见的，只是这次他倒没有提起心悸的事情。

　　当时，观测中的宇宙看起来是静态的，这与广义相对论的推断明显不一致。这种不一致并没有持续很长的时间，但它曾导致爱因斯坦对自己的理论进行了修改，虽然这个修改后来被他视为自己一生中最大的错误。这一点容后再议。现在，除了美国某些学校的董事会，大家都知道宇宙并不是静止的，而是在膨胀的。膨胀开始于大约 137.2 亿年前那一次令人难以置信的大爆炸。不仅如此，现在我们还知道银河系只是可观测宇宙中大约 4 000 亿个星系中的一员。我们知道这一切不足为奇，因为近几十年来，我们对宇宙的看法已经发生了革命性的变化。就像早期为陆地绘制地图的人一样，我们刚刚开始在宇宙的最大尺度上全面地为宇宙绘制地图。

　　宇宙并不是静止的而是在膨胀，这一发现具有深刻的哲学和宗教意义，因为它表明宇宙存在一个初始的时刻。初始意味着创世，而创世会唤起人们的热情。从 1929 年发现宇宙在不断膨胀，到大爆炸理论被独立的观测结果所证实，其间经历了几十年。教皇皮乌斯十二世（Pope Pius

XII）在 1951 年将其作为创世纪的证据。

> 回顾几个世纪以来的历程，当今的科学似乎成功地再现了《圣经》中那个万物伊始的庄严时刻"要有光"（Fiat Lux）。从虚无中，物质与无尽的光芒喷薄而出，百般元素分裂扰动，幻化成万千星系。具象的物理证据出现了，（科学）已经证实了宇宙的偶然性。它同时也证实了一个有着充分根据的推论，即存在一个纪元，世界为造物主所创造。创世确有其事。我们说："因此，造物主存在。因此，上帝存在！"

完整的故事其实更为有趣。实际上，第一个提出大爆炸理论的人是比利时的牧师兼物理学家乔治·勒梅特（Georges Lemaître）。勒梅特堪称是兼具各种不同职业能力的卓越人才。最初他接受的教育是如何成为一名工程师，然后在第一次世界大战期间他成了一名被授予勋章的炮兵。在 20 世纪 20 年代初，他在学习神职期间又转而学习数学。再后来，他的研究方向转到了宇宙学领域，先是师从著名的英国天体物理学家阿瑟·斯坦利·爱丁顿爵士（Sir Arthur Stanley Eddington），之后他又前往哈佛大学学习，并最终在麻省理工学院获得了物理学博士学位，而这是他获得的第二个博士学位。

1927 年，在勒梅特取得第二个博士学位之前，他实际上已经解出了爱因斯坦广义相对论的方程，并证明该理论预言了一个非静止的宇宙。他甚至已经提出了宇宙正在膨胀这一观点。只是这个观点在当时看上去太过离经叛道，以至于爱因斯坦本人都曾打趣着反对道，"你的数学学得不错，但是你的物理很糟糕"。

尽管如此，勒梅特仍继续着他的研究，并在 1930 年进一步提出，不断膨胀的宇宙始于一个无限小的点，他称这个点为"原始原子"。同时他还提出这个起始的时刻也许就像《创世纪》中所述，是一个"没有昨天的日子"。

因此，正如教皇皮乌斯所宣称的，大爆炸理论是由一位牧师最先提出的。人们可能以为勒梅特会对教皇的认可感到兴奋，但他其实早就不认为这一科学理论和神学存在什么因果关系，并且最终删除了自己在1931年撰写的关于大爆炸理论的论文草稿中涉及这个问题的段落。

而且，勒梅特甚至对教皇在1951年所声称的大爆炸是创世纪的证据这一观点提出了反对意见。当然，这不仅仅是因为他意识到一旦他的理论将来被证明是错误的，那么罗马天主教对创世纪的声明就有可能会引发争议，虽然那时，他已经被选入梵蒂冈的主教学院，后来还成为主教学院的主席。正如他所说："在我看来，大爆炸理论完全与任何形而上学或宗教问题无关。"在此之后，教皇再也没有公开提及这个话题。

由此可见，正如勒梅特所说的那样，大爆炸发生与否是一个科学问题，而不是神学问题。再则，即使现在所有证据都强力支持大爆炸的确发生了，人们仍然可以根据自己的宗教信仰或哲学偏好选择不同的理解方式。也就是说，你可以认为大爆炸意味着创世者的存在，也可以认为广义相对论的数学模型就可以解释宇宙从最初到现在的演化，不需要任何神性的干预。然而这些形而上学的猜测和大爆炸理论本身正确与否没有关系，也与我们如何理解它无关。但当我们不再局限于讨论宇宙是否真的在不断膨胀，而是继续探究可能解答宇宙起源的物理原理时，科学就能提供进一步的线索。

然而，不论是勒梅特还是教皇皮乌斯都没能成功说服科学界接受宇宙正在膨胀这个观点。相反，正如所有正确的科学理论一样，最终说服科学界的证据都来自仔细的观察研究。这一次，是埃德温·哈勃（Edwin Hubble）用他的观测结果说服了科学界。哈勃让我觉得人类充满了无限的可能，因为他在成为一名天文学家之前是一名律师。

早在 1925 年，哈勃就利用一座 100 英寸①胡克望远镜取得了重大的发现。这座新建在威尔逊山上的望远镜是当时世界上最大的。如今，我们正在建造的望远镜是它直径的 10 倍以上、面积的 100 倍以上。在 1925 年之前，利用当时的望远镜，对于不在银河系中的天体，天文学家们仅仅能够辨别出它们模糊的图像。这些天体被称为"星云"，星云在拉丁语里的意思是"模糊的东西"，实际上就是"云"。这些天体是在银河系之中还是在银河系之外，也是当时的天文学家们争论不休的问题。

由于当时人们对宇宙的普遍认知是银河系就是宇宙的全部，因此大多数天文学家都加入了"这些天体在银河系之中"这个阵营。哈佛大学著名的天文学家哈洛·沙普利（Harlow Shapley）是这个阵营的领袖。沙普利在五年级退学，自学成才，最终进入了普林斯顿大学。他选择学习天文学，是因为天文学在学校的专业列表中排在第一个。沙普利所做的工作影响深远，他证明了银河系比人们以前认为的要大得多，并且太阳不在它的中心，而是在一个遥远的、平凡的角落里。由于他在天文学界很有威望，因此他对星云性质的看法在当时有相当大的影响力。

1925 年元旦，哈勃发表了两年来的研究成果，内容涉及他称为旋涡星云的天体。他在旋涡星云中发现了一种特殊的变星，这种变星被称为造父变星。现在我们所知的仙女座就是他所说的旋涡星云之一。

---

① 英制单位，一英寸约等于 2.54 厘米。——编者注

　　造父变星最早是在 1784 年被观测到的。它们是一种特别的恒星，亮度会遵循一定的周期发生规律的变化。1908 年，当时名不见经传的天文学家亨丽塔·莱维特（Henrietta Leavitt）作为"人力计算机"受聘于哈佛大学天文台。"人力计算机"指的是当时招募的一些女性，她们的工作是从天文台拍摄的底片中测量和记录恒星的亮度并进行分类。在那时，女性是不允许使用天文望远镜的。莱维特是教会牧师的女儿，是清教徒的后代。她取得了一个惊人的发现，并在 1912 年展开了进一步的研究：她注意到，造父变星的平均亮度与其亮度变化的周期之间存在一定的规律。因此，对于一个亮度变化周期已知的造父变星，如果可以确定它与地球的距离（这一距离确定于 1913 年），那么通过测量与其具有同一变化周期的其他造父变星的亮度，人们就能够确定地球与其他造父变星的距离！

　　观测到的恒星亮度与恒星到地球距离的平方成反比，这是因为光线向外发散，均匀地散布在面积随着距离的平方增加的球面上。因此，由于光在更大的球体上展开，在任何一点观察到的光的强度与球的表面积成反比。也正因如此，确定遥远恒星与地球的距离一直是天文学中的主要挑战。莱维特的发现给这个领域带来了革命性的改变。哈勃经常表示，莱维特应该得到诺贝尔奖。虽然他提出这个建议有可能只是出于没有得过诺贝尔奖的私心。因为如果莱维特获奖，他就有可能凭借后续工作和她分享诺贝尔奖了。事实上，瑞典皇家科学院已经启动了提名莱维特为 1924 年诺贝尔奖候选人的文书工作，结果却得知她 3 年前就已经因癌症去世。借助于其人格魅力和自我推销的本领以及作为观测者的才能，哈勃后来成为一个家喻户晓的名字，而莱维特，却可能只有天文迷才知道她。

　　通过对造父变星的观测以及莱维特发现的周期-光度关系，哈勃证明了仙女座以及其他几个星云中的造父变星与地球的距离非常遥远，肯定不在银河系之内。仙女座是另一个宇宙岛，是一个和银河系几乎一样的旋涡星系。可观测宇宙中有超过 1 000 亿个星系，仙女座也是其中之一。哈勃的结果非常明确，包括沙普利在内的天文学家们迅速地接受了宇宙不只有银河系这一事实。此时，沙普利已经是哈佛大学天文台的台长，而哈佛大学天文台正是莱维特做出突破性工作的地方。突然之间，已知宇宙的大小扩大了很多倍，比几个世纪以来增加的都多！已知宇宙的性质也改变了，所有其他的一切也随之改变了。

在取得这一引人注目的成绩之后，哈勃完全可以躺在他的荣誉桂冠上睡大觉，但是他还在继续追逐更远大的目标——寻找更大的星系。通过观测更遥远星系中更暗弱的造父变星，他就能够绘制出更大尺度的宇宙蓝图。当他达成目标的时候，他发现了更加不同寻常的事情：宇宙正在膨胀！

哈勃得出这个结论是因为他比较了自己所测量的星系到地球的距离与另一位美国天文学家维斯托·斯里弗（Vesto Slipher）的一组测量结果。斯里弗分析了这些星系的光谱，要理解这些光谱的本质和意义，需要追溯到现代天文学的开端。

现代天文学中最重要的发现之一就是恒星和地球的基本元素大部分是一样的。和现代科学中的许多发现一样，这一发现也源于牛顿的一项研究。1665 年，牛顿还是一位年轻的科学家，他拉上窗帘把自己的房间变暗，只在窗帘上留下一个小洞，使一束细细的阳光透过小洞并通过棱镜，他发现阳光分散成了人们熟悉的彩虹的颜色的光线。因此他认为来自太阳的白光包含了所有这些颜色。事实证明，他的判断是正确的。

150 年后，有一位科学家更仔细地检查了这些被分散的光线，发现其中存在黑的条纹。他认为这些黑色条纹的产生是由于太阳的外部大气中有一些元素吸收了特定颜色或者波长的光线。现在我们将这些黑色条纹称为"吸收线"，而吸收了这些光线的就是地球上也有的一些已知元素，包括氢、氧、铁、钠和钙等。

1868 年，另一位科学家在太阳光谱的黄色部分观察到两条新的吸收线，产生这两条吸收线的元素与当时地球上任何已知的元素都不同。他认为这是一种新的元素，并称之为氦。大约 30 年后，氦在地球上首次被分离出来。

分析来自其他恒星的辐射光谱是探究恒星组成、温度和演化的重要科学手段。从 1912 年开始，斯里弗观测了来自各种旋涡星云的辐射光谱，发现这些光谱与其附近恒星的光谱相似，但是所有的吸收谱线都偏移了相同的波长。

当时人们认为这种现象是由常见的"多普勒效应"所致。这种效应以奥地利物理学家克里斯蒂安·多普勒（Christian Doppler）命名。他在 1842 年发现，当波源远离观察者，波长将会被拉伸，当波源向观察者靠近，那么波长会被压缩。这种现象人们再熟悉不过。它常使我想起西德尼·哈里斯（Sidney Harris）的漫画。平原上两个骑着马的牛仔正看着远处的火车，他们中的一个对另一个说："我爱火车这寂寥的汽笛声，它的频率会因多普勒效应而发生变化！"生活中，如果火车或救护车正在驶向你，它们的汽笛声或者警笛声听起来就会变高，如果它们正在驶离你，它们的声音就会变低。

光波和声波一样，也会发生这样的现象，尽管其中的原理有些不同。如果光源正在远离观察者，不管这是它自身的局部运动还是空间本身的膨胀所致，它的光波波长将被拉伸，因此看上去会比原本更红，因为红色在可见光光谱中波长较长的一端。相对的，向观察者靠近的光源的光波波长将被压缩并显得更蓝。

1912 年，斯里弗观测到，除了部分如仙女座这样的例外，来自所有其他旋涡星云的光的吸收线几乎全部系统性地向更长的波长偏移。据此，他推断这些天体中的绝大部分在以相当大的速度远离地球。

哈勃将他观测到的旋涡星系（如今我们已经知道旋涡星云就是星系）到地球的距离和斯里弗测量出的它们远离地球的速度进行了比较。1929 年，在一位威尔逊山天文台工作人员米尔顿·赫马森 ①（Milton Humason）的帮助下，哈勃宣布他们发现了一个非同凡响的经验关系，也就是现在所说的哈勃定律：星系的退行速度与星系到地球的距离之间存在线性关系。也就是说，距离地球越远的星系正在以越快的速度远离地球！

哈勃定律表明，几乎所有的星系都在离地球远去，如果某个星系到银河系的距离是另一个星系的两倍，那其退行速度是另一个星系的两倍，而距离银河系三倍远的星系的退行速度将达到三倍。哈勃定律的提出似乎很明显地暗示：银河系是宇宙的中心！

虽然事实并非如此。但是这正好与勒梅特预测的一致，宇宙其实正在膨胀。

解释这个问题的方式多种多样，但都不太恰当，除非你跳出宇宙之外来考虑这个问题，也就是说，想象自己站在宇宙的外面。为了真正地理解哈勃定律，你需要离开银河系所在的这个特殊位置，从宇宙之外看宇宙。

---

① 虽然赫马森连高中都没毕业，但他是个技术天才，因此他在威尔逊山天文台得到了一份稳定的工作。

想象自己站在三维的宇宙之外有些困难，但想象自己站在一个二维的宇宙之外是很容易的。我画了一个正在膨胀的宇宙在两个不同时期的图像（见图 1-1）。可以看出，星系在 t_2 时刻相隔更远。

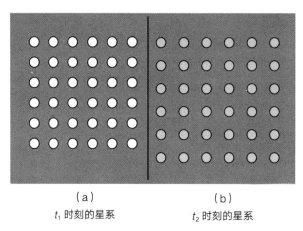

（a）　　　　　　　　　　（b）

t_1 时刻的星系　　　　　　t_2 时刻的星系

图 1-1　正在膨胀的宇宙在两个不同时期的图像

现在，想象自己在 t_2 时刻生活在其中的一个星系上。我将这个星系在图 1-2（b）中用白色标记出来。

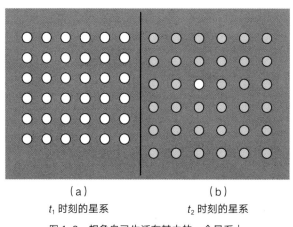

（a）　　　　　　　　　　（b）

t_1 时刻的星系　　　　　　t_2 时刻的星系

图 1-2　想象自己生活在其中的一个星系上

　　为了便于在这个被选中的星系上看宇宙的演化过程，我把图 1-2（b）叠加到图 1-2（a）上，但保持被选中的白色星系仍落在原先的位置上（见图 1-3）。

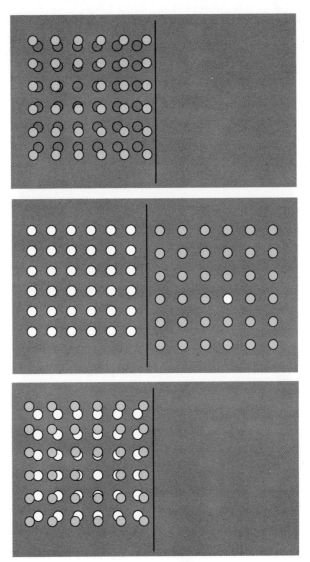

图 1-3　将两图叠加

　　瞧！在这个白色星系上看，所有其他的星系都在远离。在同样的时间里，与白色星系相隔两倍远的星系移动了两倍的距离，与白色星系相隔三倍远的星系移动了三倍的距离，以此类推。只要宇宙没有边缘，那这个白色星系上的人就会感觉自己是在膨胀的中心。

　　选择哪一个星系并不重要。你也可以挑另一个星系，重复上述过程。

　　每个人的观点都可能不同，要么会认为每个地方都是宇宙的中心，要么会认为任何地方都不是宇宙中心。这都无关紧要，因为哈勃定律和宇宙正在膨胀这一事实吻合。

　　1929 年，哈勃和赫马森第一次宣布他们的发现时，不仅给出了距离与退行速度之间的线性关系，而且还对宇宙膨胀速率本身进行了定量估计。图 1-4 是当时展示的实际数据。

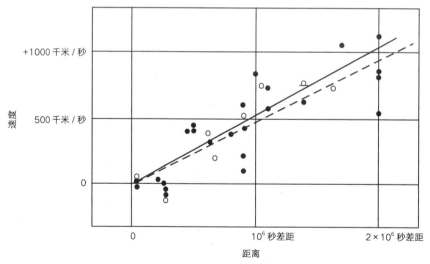

秒差距：天文距离的一种单位，1 秒差距约等于 3.26 光年。

图 1-4　当时展示的实际数据

　　可以看出，哈勃用一条直线来拟合这些数据。这一拟合结果假设了一个比较理想化的结果。因为虽然这些数据之间存在明显的关系，但是仅从这些数据来看，很难确定一条直线是不是最好的拟合方式。他们从图 1-4 中推算出的宇宙膨胀速率表明，一个距离银河系 100 万秒差距[①] 的星系正在以 500 千米 / 秒的速度退行。但是，这一结果就没有那么理想了。

　　原因很简单，如果现在所有的天体都在退行，那么曾经它们会更靠近一些。如果引力的作用是物体间的相互吸引，那么它就会减缓宇宙的膨胀。这意味着如今以 500 千米 / 秒的速度退行的星系在过去是以更快的速度退行的。

　　然而，如果暂时假设星系一直以 500 千米 / 秒的速度远离，就可以反推出在多久以前这个星系和银河系处于同样的位置。由于距离银河系两倍远的星系的退行速度也是两倍，如果在此基础上反推，就会发现所有星系会在某个时刻同时叠加在银河系所处的位置上，即整个可观测的宇宙将被叠加到一个点上，这就是大爆炸发生的时刻。我们可以采用这样的方法来估算大爆炸发生的时间。

　　这样估算出的显然是宇宙年龄的上限，因为如果星系曾经移动得更快，那么它们到达今天的位置所需要的时间会比这个估计值更小。

　　基于哈勃的分析结果，通过上述方法估算可得，大爆炸大约发生在 15 亿年前。然而，在 1929 年就已经有很清晰的证据表明，地球的年龄超过 30 亿年。

---

① 100 万秒差距约为 300 万光年，这也是宇宙中星系之间的平均距离。

这样一来，事情就有些尴尬了，因为科学家们发现地球比宇宙的年龄更大，只能说明上述分析出了错。

导致这一错误的根源其实在于，哈勃的测距方法中采用了银河系中的造父变星来推算距离，这其实存在一定的系统性偏差。用邻近的造父变星来估计更远的造父变星与地球的距离，然后再估计观测到的更远的造父变星所在的星系与地球的距离，这其间的距离梯度十分惊人。

至于这些系统性偏差最终是如何消除的，涉及漫长的历史过程，这里就不再赘述了。因为我们现在有了更好的测距方法。

我最喜欢的一幅哈勃空间望远镜所拍摄的照片如图 1-5 所示。

图 1-5　哈勃空间望远镜拍摄到的一个美丽的星系

图1-5展示了一个遥远又美丽的旋涡星系，这是它很久很久以前的样子，因为星系发出的光需要旅行超过5 000万年的时间才能到达我们这里。这样的旋涡星系跟银河系差不多，其中包含了大约1 000亿颗恒星。星系中心明亮的核心区大约有100亿颗恒星。请注意照片中左下角的一颗恒星，它的亮度几乎等于这100亿颗恒星的亮度。一眼看去，你可能会产生一个合理的猜测，这是银河系中的一颗恒星，离我们很近，只是正好落在这张照片上。但事实上，它也是这个遥远星系中的一颗恒星，距离我们超过5 000万光年。

显然，这并不是一颗普通的恒星。它是一颗刚刚爆发过的恒星，一颗超新星，它是宇宙最瑰丽的作品之一。当一颗恒星爆发时，它在很短的时间内，大约一个月左右，发出的可见光的亮度可以达到100亿颗普通恒星产生的亮度。

恒星并不会经常爆发。在每个星系中，恒星爆发出现的频率大约是100年一次。但对我们而言，这是一件幸事，因为如果没有恒星爆发，我们根本不会存在。关于宇宙，我所知道的最富诗意的事实之一就是，其实我们身体中的每一个原子都曾经存在于某一颗爆发的恒星里。组成你左手的原子和组成你右手的原子很有可能来自不同的恒星，而我们都是恒星的孩子，我们的身体是由星尘组成的。

人们是如何知道这一切的呢？我们可以将大爆炸作为起点向后推演，推演到宇宙诞生之后大约1秒钟的那个时刻。据推算，在这个时刻，所有的物质都被挤压在一团致密的等离子体中，其温度应该在100亿开尔文①左右。在这个温度下，随着质子和中子结合在一起又经碰撞而分离，核反

---

① 开尔文：热力学温标的单位，简称"开"，符号K。——编者注

应很容易发生。随后，宇宙逐渐冷却，我们可以预测这一过程中原初的核子结合成比氢重的原子核如氦、锂等的频率。

按照上述方法进行计算，我们发现在大爆炸的原初火球阶段，基本上没有比锂——自然界中第三轻的原子核更重的原子核形成。我们确信这个计算结果是正确的，因为我们对最轻的几种元素在宇宙中丰度的预测与观测结果正好吻合。氢、氘（重氢的核）、氦和锂这些轻元素的丰度两两相差大约 10 个数量级。按质量算，大约 25% 的质子和中子在氦核中，而每 100 亿个中子和质子中有 1 个在锂核内。在这个令人难以置信的巨大范围内，观测结果和理论预测是一致的。

这是最著名、最重要，也是最成功的预测之一，它告诉我们大爆炸真的发生过。只有通过一次极高温的大爆炸才能够产生如今宇宙中轻元素的丰度，并与宇宙正在膨胀这一观测结果保持一致。我总是随身携带一张卡片，上面展示了理论预测中轻元素的丰度和观测结果的对比。每当遇到不相信大爆炸发生过的人时，我就可以把卡片展示给他们看。当然，在讨论中我通常很少使用这张卡片，因为当一个人一早就认为某种理论存在错误时，我很难通过数据来说服他。尽管如此，我还是随身携带这张卡片，稍后我会在书中展示给你们看。

虽然锂对于一些人来说很重要，但对其他人来说更重要的是那些更重的原子核，如碳、氮、氧、铁等，这些都不是在大爆炸中产生的。唯一能产生这些原子核的地方是恒星炽热的核心。而它们能够进入我们身体的唯一途径就是恒星爆发时，将它们喷洒到宇宙中，直到有一天它们聚集在我们称为太阳的恒星附近的一颗小小的蓝色行星上。在银河系的演化历程中，大约有 2 亿颗恒星爆发过。大量的恒星"牺牲"了自己，才使得有一天你可以出生。这些恒星仿佛扮演了救世主的角色。

1a 型超新星是一种特定类型的爆发恒星。在 20 世纪 90 年代进行的研究中，科学家们发现 1a 型超新星具有一种显著的特性：固有亮度越高的 1a 型超新星发光的时间也越长，并且这一结果精确度很高。虽然这种相关性在理论上还没有一个完整的解释，但是很符合经验统计规律。这意味着这种超新星是很好的"标准烛光"，可以用于校准距离。因为它们的固有亮度可以直接测定，而不需要事先计算我们与它们之间的距离。

由于 1a 型超新星非常明亮，人们很容易发现它们，如果我们在遥远的星系中观察到一颗 1a 型超新星，那么观察它发光的时间，我们就可以推断出它的固有亮度。然后，用望远镜测量其视亮度，我们可以准确地推断出这颗超新星及其所在的星系到底离我们有多远。再测量星系中恒星发出的光的"红移"，我们可以确定其运动速度，从而可以将其速度与距离进行比较，最终推断出宇宙的膨胀速率。

到目前为止，这一切都显得顺理成章。但是，如果在每个星系中恒星的爆发是百年一遇，那我们有多大的概率能看到一次？毕竟，人们上一次在地球上看到银河系内的一颗恒星爆发是在 1604 年，目击者是约翰尼斯·开普勒（Johannes Kepler）。据说，只有最伟大的天文学家们才能在有生之年观察到银河系中恒星爆发的时刻，而开普勒肯定符合这一条件。

开普勒原先是一名普通的奥地利数学教师，后来成为天文学家第谷·布拉赫（Tycho Brahe）的助理。第谷曾经观测到银河系中一次更早发生的恒星爆发，为此丹麦国王赠予了他一整个岛屿作为奖赏。使用第谷在 10 多年中记录的行星位置数据，开普勒在 17 世纪初推导出了著名的关于行星运动的三大定律。

1. 所有行星绕太阳运动的轨道都是椭圆的。

2. 行星和太阳的连线在相等的时间间隔内扫过的面积相等。

3. 行星绕太阳一周的时间的平方与其椭圆轨道的半长轴的立方成正比。"半长轴",即椭圆最宽处长度的一半。

这三大定律为近一个世纪之后牛顿推导出万有引力定律奠定了基础。在做出这个非凡的贡献之余,开普勒不仅成功地将他母亲从巫术的指控中解救出来,还写下了可能是有史以来的第一个科幻故事,内容是关于月球旅行的。

如今,或许还有一种方法有助于发现超新星,那就是对天空中的每个星系都指派一名研究生。毕竟,从宇宙的时间尺度上看,100 年和一个研究生拿到博士学位所需要的平均时间并没有什么区别,而且研究生数量充足,花费低廉。但幸运的是,我们不必采取这样的极端措施,原因很简单:宇宙巨大而古老,即使是罕见的事件也总是在不断发生。

选一个晚上出去走走,到树林或沙漠里,选一个你可以看到星星的地方。将你的手伸向天空,用拇指和食指扣成一个大小和一角的硬币差不多的小圈。把小圈对准天空中看不到星星的黑暗区域。在这个黑暗的区域中,利用现在已经投入使用的一个足够大的望远镜,可以观察到大约 10万个星系,而每个星系中都包含数十亿颗恒星。由于恒星爆发在每个星系里大约每 100 年发生一次,因此平均而言,即使在这么小的视野里,一个晚上你也应该能看到大约 3 颗恒星爆发。

天文学家就是这样做的。他们申请望远镜的使用时间进行观测。有些夜晚他们可能会看到一颗恒星爆发,有些夜晚能看到两颗,也有些夜晚是多云天气，因此他们可能一无所获。就用这种方式，有几个科研小组已经能够精确地确定哈勃常数，误差小于 10%。最新的数据表明，对于平均间距为 300 万光年的星系，它们之间的退行速度大约是 70 千米 / 秒。这个数字几乎是哈勃和赫马森当年测算结果的 1/10。因此，如今我们推断宇宙的年龄约为 130 亿年，而不是 15 亿年。

这一结果也与对银河系中最古老的恒星年龄的独立估计完全相符。从第谷到开普勒，从勒梅特到爱因斯坦和哈勃，从恒星的光谱到轻元素的丰度，400 年来现代科学的发展已经描绘了一幅卓越且能彼此印证的宇宙正在膨胀的图景。所有证据都严丝合缝，大爆炸理论形势一片大好。

A
UNIVERSE
FROM NOTHING

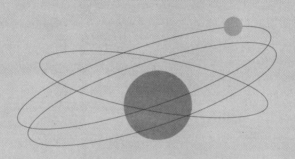

02

宇宙之谜的故事：
称量宇宙

世界上有已知的已知，这些事情我们知道自己知道。有已知的未知，也就是说，有些事情我们知道自己不知道。但也有未知的未知，有些事情我们并不知道自己不知道。

——唐纳德·拉姆斯菲尔德

　　我们已知宇宙有一个起点，这个起点是存在于过去的一个有限的可度量时刻。那么，我们自然会继续追问"宇宙将如何走向终点"？

　　正是这个问题让我从粒子物理专业转向对宇宙学的研究。在 20 世纪 70 年代和 80 年代，我们精细测量了银河系中的恒星和气体的运动，还获取了比星系更大的星系团（多个星系组成的星系集团）中星系的运动信息。这使我们越来越清楚地认识到，宇宙中的东西比我们用眼睛或者用望远镜所能看到的多得多。

　　在星系的巨大尺度下，引力主导着万物的运动，因此测量星系中物体的运动，我们就可以探知驱动这些运动的万有引力。这样的测量始于 20 世纪 70 年代初美国天文学家薇拉·鲁宾（Vera Rubin）及其同事的开创性工作。鲁宾从乔治城大学取得博士学位。她上的是晚间课程。因为她不会开车，上课期间她的丈夫会在车上等她。她曾申请过普林斯顿大学，但在 1975 年之前，普林斯顿是不招收女性攻读天文学研究生的。鲁宾是第二位获得英国皇家天文学会金奖的女性。她获得这个奖项和其他许多荣誉一样当之无愧，都是因为她做出了突破性的工作，即测量了我们所在星系的旋转速度。通过观测距离银河系中心更远的恒星和高温气体，鲁宾发现它们所在区域的运动速度很快，快到远远超过之前人们所做的推算。之前的推算中假设了驱动这些区域运动的引力仅是由星系内可观测物体的总质量所提供。由于她的工作，宇宙学家们才最终明确，解释这种运动的唯一方法是假设在我们的星系内明显存在更多的物质，其质量远远超过所有恒星和高温气体质量的总和。

然而，这样的假设存在一个问题。同一种计算方法能够精妙地解释宇宙中观测到的轻元素（氢、氦和锂）的丰度，也能大致告诉我们，宇宙中组成普通物质的粒子（如质子和中子）的数量。这是因为，"烹饪"原子核像制作任何食品一样，最终成品的数量取决于开始烹调时采用的每种食材的数量。如果你把食材加倍，那么你做出来的东西就会更多。例如用四个鸡蛋就比用两个鸡蛋做出的煎蛋卷更大。产生于大爆炸的宇宙中的质子和中子的初始密度，是由拟合观测到的氢、氦和锂的丰度所决定的。然而，这个初始密度大概是我们在恒星和高温气体中所测量出的密度的两倍。那么，那些多余的粒子去哪里了？

想把质子和中子隐藏起来很容易，因为不发光的物体很多，雪球、行星、宇宙学家……这些都不发光。所以不少物理学家预测，有很多质子和中子位于不发光的物体中，数量和可见物体中的一样多。然而，在计算需要多少"暗物质"来解释银河系中物质的运动时，人们发现物质的总量与可见物质的比例不是2：1，而是接近10：1。如果计算无误，那么暗物质就不是由质子和中子构成的，因为质子和中子的数量远远不够。

20世纪80年代初，我还是一个刚入门的年轻粒子物理学家。了解到可能存在这种奇异的暗物质让我极度兴奋。这意味着，宇宙中的主要粒子不再是那些人们司空见惯的质子和中子，而很有可能是某种全新的基本粒子，是地球上不存在的东西。这种存在于恒星中以及恒星之间的神秘物质，静静地"导演"着整个星系的引力演出。

更令我兴奋的是，这意味着三条新的研究路线，它们可以从根本上重新阐明现实世界的本质。

1. 如果宇宙中可能存在的这些奇异的新粒子和之前提过的轻元素一样，也是在大爆炸中形成的，那么，想要确定这些粒子的丰度，我们可以使用与确定轻元素丰度类似的方法。不同的是，确定轻元素的丰度时，我们利用了原子核相互作用的力，而这次我们或许可以利用主宰基本粒子相互作用的力。

2. 我们也许可以利用粒子物理学的理论推算出宇宙中暗物质的总体丰度，或者设计新的实验来检测暗物质。使用这两种方法都可以得出宇宙中物质的总量，我们也就可以据此推断宇宙的几何形状。物理学不是用于发明我们看不到的东西来解释我们可以看到的东西，而是用于探索怎样才能找到我们看不到的东西。也就是说去看以前看不见的，那些所谓的"已知的未知"。每一个候选的暗物质基本粒子都给直接探测暗物质粒子的实验提出了新的可能性。如果这些暗物质粒子在银河系中穿梭，我们可以通过在地球上建立的装置来探测它们。我们可以在暗物质粒子穿过地球的时候进行拦截。如果暗物质粒子弥散在整个星系中，那么它们现在就在我们的身边，地面的探测器就有可能发现它们的踪迹，而不需要使用望远镜搜寻遥远的天体。

3. 如果我们能够确定暗物质的性质及其丰度，也许就可以确定宇宙将如何走向终点。

最后的这条研究路线似乎是最令人兴奋的，所以我想从它开始讨论。

毕竟，我开始研究宇宙学，就是因为我想成为第一个知道宇宙会如何走向终点的人。

在当时，这看起来也是个好主意。

爱因斯坦提出广义相对论的时候，广义相对论的核心就是空间会因为物质或能量的存在而发生弯曲。1919年，这个理论不再仅仅是一个推测，因为，两支观测远征队在日食期间观测到星光在太阳周围发生弯曲，弯曲的程度正好与爱因斯坦的预测中太阳会造成的空间扭曲一致。为此爱因斯坦几乎一夜成名，他的名字也变得家喻户晓。如今，大多数人认为爱因斯坦成名是因为比广义相对论早15年提出的 $E = mc^2$ 这个方程，其实并不是。

如果空间可能是弯曲的，那么整个宇宙的几何形态就变得有趣得多。因为宇宙中的物质总量的不同，宇宙可能呈现以下三种不同的几何形态之一，即所谓的开放宇宙、封闭宇宙或平直宇宙。

我们很难想象一个弯曲的三维空间，这是因为我们是三维生物，无法轻易地凭直觉将其画出。就像在著名小说《平面国》（Flatland）中的二维生物一样，他们也很难想象，对于一个三维世界的观察者来说，看起来像球面一样的世界会是什么样的。另外，如果球面的曲率非常小，在日常生活中发现这一曲率的存在也是很困难的，就像在中世纪以前，有些人觉得地球一定是平的，因为在他们眼中确实如此。

虽然我们很难想象弯曲的三维宇宙，例如封闭宇宙就像一个三维的球面，这听起来让人生畏，但宇宙的有些方面是容易描述的。在一个封闭宇宙中，如果你向任何方向看得足够远，都能看到自己的后脑勺。

平直的三维宇宙不像一个平摊的薄饼，它就是你认知中人类所居住的宇宙的样子。这是一个传统的平凡的宇宙，在这里光线沿直线传播，一旦从空间中的某个任意点画出三根相互垂直的轴 x、y 和 z，它们在空间中的任何位置都指向原先的三个方向。但在弯曲的三维空间中，光以弯曲的轨迹行进，而从某一个点绘制的三个垂直轴，会随着你在空间中的移动指向不同的方向。

谈论这些奇异几何形态的宇宙也许会让人觉得有趣或者印象深刻，但其实它们的存在有着更重要的影响。广义相对论明确地告诉我们，一个封闭的宇宙，其能量密度由诸如恒星和星系这样的物质甚至是更奇特的暗物质所主导，它必然有一天会塌缩，这个过程就像大爆炸的反演，或者你也可以称之为"大收缩"。一个开放宇宙将持续以有限的速度永远膨胀下去，而平直宇宙正好处于临界状态，其膨胀速率会放缓，但永远不会完全停止。

确定暗物质的总量以及宇宙中物质的总密度，能够回答这个至少与 T·S·艾略特（T. S. Eliot）一样古老的问题：宇宙是将以一声巨响结束，还是呜咽着走向终点？确定暗物质总量的这段传奇可以追溯到至少半个世纪之前，人们甚至可以写一整本书来讲述这个故事。其实，我已经写了一本关于这个故事的书——《第五元素》（*Quintessence*）。然而，在本书中，我将采用图文并茂的方式来叙述这个故事，因为一张图片抵得上千言万语。

宇宙中最大的引力束缚体被称为超星系团。超星系团可以包含成千上万或者更多的单个星系，尺度可以横跨数千万光年。大多数星系存在于这样的超星系团中，实际上我们所在的银河系就位于室女超星系团之内，其中心距离我们约 6 000 万光年。

由于超星系团体积庞大、质量巨大，基本上如果任何一个东西会落入其他什么东西，它最终都会落入星系团中。因此，如果我们可以称量超星系团的质量，然后估计宇宙中超星系团的密度，那么我们就可以"称量宇宙"，包括其中所有的暗物质。这时再使用广义相对论的方程，我们就可以确定是否有足够的物质让我们的宇宙构成一个封闭宇宙。

到目前为止，这一切都顺理成章。但是我们如何称量尺度达数千万光年的物体呢？很简单，利用引力。

1936 年，阿尔伯特·爱因斯坦应业余天文学家鲁迪·曼德尔（Rudi Mandl）的强烈要求，在《科学》（Science）杂志上发表了一篇题为《引力场中的光线偏移对恒星的类透镜作用》的小论文。在这篇简短的文章中，爱因斯坦陈述了一个非凡的事实：空间本身可以像透镜一样，使光线弯曲并放大，就像眼镜的镜片。

1936 年处于一个比现在更友善、更温和的氛围当中。当年，爱因斯坦的这篇论文是正式发表在一个著名的科学期刊上的，但它有一个如今看来不那么正式的开头，读起来很有趣："早些时候，鲁迪·曼德尔先生拜访了我，请我发表一些计算的结果。而这些计算是我应他的要求进行的。这篇小论文因他的愿望而生。"也许这种非正式行文风格的文章在当时得以发表是因为作者是爱因斯坦，但是我宁愿认为这是一个时代的产物。那时候，人们还没有在描述科学成果的措辞中完全摈弃通俗的表达方式。

"如果空间本身会因为物质的存在而弯曲，那么光线也会沿着弯曲的轨迹传播"是广义相对论的第一个重要的新发现。并且，正是这一发现使爱因斯坦举世闻名。人们最近发现，早在 1912 年，甚至在广义相对论完成之前，爱因斯坦就已经进行了相关的计算。因为他试图找到一些可观测的现象，以说服天文学家验证他的想法。这些计算与他 1936 年发表的论文中应曼德尔先生要求所进行的计算基本相同。也许正是因为他在 1912 年就得到了和他 1936 年发表的论文中所说的一样的结论，也就是"观测到这种现象的概率很小"，所以他从来没有打算发表他早期的计算结果。甚至在检查过他两个时期的笔记本之后，我们都不能肯定，他后来是否还记得在 24 年前所做过的那些最初的计算。

　　爱因斯坦在两次计算中都发现，引力场中的光线弯曲可能意味着，如果一个明亮的天体正好位于观测者和一个中间天体的前面，那么它向各个方向射出的光线可能会围绕中间天体的质量分布发生弯曲，并且再次汇聚，就像它们穿过一个普通的透镜时一样，要么产生原始物体（即上文中明亮的天体）的放大的像，要么产生原始物体的许多复制的像，其中一些可能还会被扭曲（见图 2-1）。

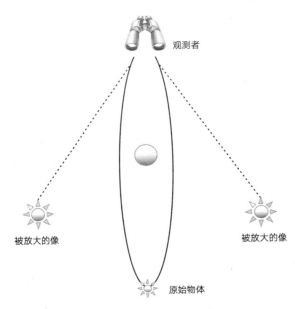

图 2-1　引力场中的光线弯曲

爱因斯坦计算出，对于一颗遥远的恒星来说，如果在它的前方有另一颗恒星位于它和观测者之间，那么，它所受到的透镜效应影响太小，应该是绝对测量不出来的。于是，他便认为这样的现象不太可能观测得到。因此，爱因斯坦觉得他的论文没有什么实际价值，就像他投稿时给《科学》杂志的编辑的附信中写的："我还要感谢您的协助，让这篇小文章得以发表。这是在曼德尔先生的催促下写的，它没有什么价值，但它能给这个可怜的人带来快乐。"

然而，爱因斯坦不是天文学家，他需要一个天文学家来验证他所预测的效应也许不仅是可测量的，而且是有用的。如果把这个计算应用到更大的系统，例如星系甚至星系团对遥远的天体产生的透镜效应，而不是恒星对恒星的透镜效应时，这个计算就很有用。在爱因斯坦的文章发表数月之后，加州理工学院一位聪明的天文学家弗里茨·兹维基（Fritz Zwicky）向《物理评论》（*Physical Review*）杂志提交了一篇论文，在文中他证明了这种透镜效应的实际用处，并且还间接地奚落了爱因斯坦，因为爱因斯坦不知道星系也可能会产生透镜效应，而不仅仅是恒星。

兹维基性格暴躁，而其成就远远超越了他所在的那个时代。早在1933年，他就分析了后发星系团中星系的相对运动，并使用牛顿运动定律明确指出：星系运动得如此之快，除非星系团中物质的质量比其中恒星所贡献的质量要大得多，至少是100倍以上，否则星系就会飞散，使得星系团不复存在。因此，兹维基应该被视为暗物质的发现者，尽管在当时由于他的推理过于超前，大多数天文学家可能会觉得他所得出的结论也许能有一些不那么奇怪的解释。

兹维基1937年发表的仅有一页的论文同样引人注目。他提出了引力透镜的三种不同用途：第一，检验广义相对论；第二，利用中间星系作为一种望远镜，来放大更远距离的天体，因为这些天体用地面上的望远镜看不到；第三，用于解答为什么星系团显得比其中可见的物质重得多这一谜题："对星云周围的光线偏转的观测可以最直接地确定星云的质量，并消除上述差异。"其中，第三种用途是最重要的。

现在，距兹维基的论文发表已经过去了 74 年，但这篇论文至今读起来仍像是一则利用引力透镜来探测宇宙的观测申请。如今，他提出的引力透镜的每一种用途都已经实现，而最后一种用途是其中最重要的。1987 年，人们首次观测到遥远的类星体受中间星系影响发生的引力透镜现象。1998 年，在兹维基提出使用引力透镜方法测定星云质量 61 年后，人们又使用引力透镜方法确定了一个大星系团的质量。

那一年，物理学家托尼·泰森（Tony Tyson）和现在已经关闭的贝尔实验室（Bell Laboratories，从晶体管的发明到宇宙微波背景辐射的发现，贝尔实验室一直是传统中伟大科学发现诞生的圣地，还产生了许多"诺贝尔奖"得主）的同事们观测到一个距离遥远的大星系团，它被浓墨重彩地标记为 CL 0024 + 1654，距离我们大约 50 亿光年。在哈勃太空望远镜所拍摄的这幅美丽的图像中（见图 2–2），我们能看到一个更遥远的星系呈现出多个像的壮观景象。这个星系位于大星系团的后面，离我们的距离比大星系团还远 50 亿光年。星系的多个像呈现出高度扭曲和拉长的样子，位于其他没有受透镜效应影响的星系中。这些没有经过透镜效应影响的星系普遍更圆。

这张照片能让我们产生很多联想。照片中的每一个点都是一个星系，而不是恒星。每个星系中包含大约 1 000 亿颗恒星，和恒星一起存在的可能有数千亿颗行星，也许还有早已失落的文明。因为这张照片拍摄的是 50 亿年之前的景象，所以我用了"早已失落"这个表述。照片中的光在太阳和地球形成的 5 亿年之前就已经发出了。照片中的许多恒星已不复存在，因为它们早在数十亿年前就耗尽了核燃料。除此之外，扭曲的图像准确地表明兹维基的预言可能是正确的。图像中心左侧的几个较大的、扭曲的像是这个遥远的星系被高度放大并拉长的版本。如果没有引力透镜效应，这个星系可能根本不可见。

图 2-2　大星系团

从图 2-2 进行推演以确定星系团中的质量分布是一个复杂而烦琐的数学挑战。为了做到这一点，泰森建立了这个星系团的计算机模型，并跟踪从源头发出的光线，让光线按所有可能的方式穿过星系团。然后，他使用广义相对论来确定适当的光路，直到光线产生的拟合最符合研究人员的观测结果。当尘埃落定的时候，泰森和他的合作者绘制出了这样一幅图（见图 2-3），图片精确地显示了图 2-2 所示系统中的质量分布图形。

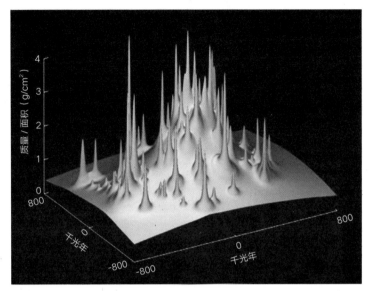

图 2-3　星系团的质量分布图形

　　图 2-3 中可以观察到一个奇怪的现象。图中的尖峰表示图 2-2 中可见星系的位置，但是，这个系统的大部分质量位于星系之间，分布在平滑的暗色的区域中。实际上，在这个系统中，星系之间不可见物质的质量是可见物质质量的 40 倍以上，是系统中所有恒星质量的 300 倍，其余的可见物质存在于恒星周围的高温气体中。由此可见，暗物质显然不仅仅存在于星系中，而且还主导着星系团的密度。

　　像我这样的粒子物理学家不会惊讶于暗物质在星系团中也占主导地位。虽然没有任何一点直接的证据，但我们都希望暗物质的数量足以构成一个平直宇宙。这意味着宇宙中必须存在着质量是可见物质质量 100 倍以上的暗物质。

　　理由很简单：平直宇宙是唯一数学上优美的宇宙。这是为什么呢？

暗物质的总量是否足以产生平直宇宙，诸如通过引力透镜效应获得的观测结果（引力透镜是由大质量物体周围的本地空间曲率引起的；宇宙的平直性与空间的整体平均曲率相关，而不是和大质量物体周围的局部涟漪相关），以及最近天文学其他领域的观测结果都证实了星系和星系团中的暗物质总量远远超过了通过大爆炸核合成计算出的物质质量。现在我们几乎可以肯定，这些在众多不同的天体物理背景下得到独立证实的暗物质一定是由全新的东西组成的，这种东西既不是地球上存在的，也不是组成恒星的。但是，它的确存在！

银河系中存在暗物质，这个最早的推论催生了一个全新的实验物理学领域。很荣幸，我也在这个领域的发展中发挥了作用。正如我之前提到过的，暗物质粒子就在我们身边，它们在我正在打字的房间里，也在我探索的太空中。因此，我们可以通过实验来寻找暗物质以及组成暗物质的新的基本粒子或粒子们。

这些实验在深埋于地下的矿井和隧道中进行。为什么要在地下进行呢？因为在地球表面，我们不断地受到来自太阳和更遥远天体的各种宇宙射线的"轰炸"。暗物质由于其自身的特性，是不会产生电磁相互作用而发光的，同时它们与普通物质的相互作用极弱，因此很难检测得到。虽然我们每天都被数以百万计的暗物质粒子"轰炸"，但大多数的粒子都会穿过我们和地球，它们甚至并不"知道"我们在这里，我们也没有注意到它们。因此，如果你想发现暗物质粒子，只能等待一个极其罕见的情况，就是它们与普通物质的原子接触后发生了反弹。只有在地下，充分屏蔽了宇宙射线，人们才可能有所发现。即便如此，这种可能性也仅仅存在于理论上。

然而，当我写下这段话的时候，另一个令人兴奋的可能性出现了。瑞士日内瓦郊外的大型强子对撞机，也就是这个世界上最大和最有力的粒子加速器刚刚开始运行了。我们有很多理由相信，在这个设备产生的极高能量下，质子被重击到了一起，这将在微观上的小区域中创造出和最早期的宇宙相似的条件。在这样的区域中，也许会产生在宇宙诞生之初创造出暗物质粒子的那些相互作用，这样就可以在实验室中产生类似的粒子！因此，一场伟大的竞赛已经开始。谁会第一个检测到暗物质粒子呢？是地下深处的实验者还是运用大型强子对撞机的实验者？好消息是，不论是谁最先有所发现，我们就都赢了，因为最终我们都会知道物质的本性是什么。

即使我所描述的天体物理测量没能揭示暗物质的身份，它们也能够告诉我们有多少暗物质存在。一个优美的推论最终直接确定了宇宙中的物质总量，这一推论得益于将利用引力透镜测量与观测来自星系团的 X 射线结合在一起。独立估计星系团的总质量是可行的，因为星系团中气体的温度与发出 X 射线的星系总质量有关。结果令人惊讶，却也令很多科学家失望。因为星系、星系团和它们周围物质的总质量只有构成一个平直宇宙所需要的总质量的约 30%。这个总质量是可见物质质量的 40 倍以上，因此可见物质占组成平直宇宙所需质量的不到 1%。

爱因斯坦如果还活着，他会惊奇地发现，他的"小论文"绝不是"没有用处"。新的实验和观测工具为宇宙打开了新的窗口，新理论的发展将让他惊讶和欣喜，而暗物质的发现可能会使他血脉喷张。在这些新事物的帮助下，爱因斯坦进入弯曲时空世界的一小步最终变成了一个巨大的飞跃。到 20 世纪 90 年代初，宇宙学领域的一个梦想已然实现。观测结果显示我们生活在一个开放的宇宙中，这个宇宙将永远膨胀。又或者，这真的是宇宙学家们梦想中的结果吗？

A UNIVERSE
FROM NOTHING

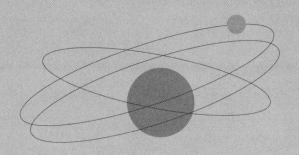

03

来自时间起点的光

和开始的时候一样，现在和将来都会一如既往。

——《荣耀颂》

　　如果仔细想一想，就会发现通过测量宇宙中所有物质的总质量，然后使用广义相对论方程来反推宇宙的净曲率的方法其实存在很大的潜在问题。因为，你会不可避免地去想：物质有没有可能以我们尚未发现的方式和我们"捉迷藏"？例如我们现在只能用星系和星系团这些可见系统的引力动力学来探知其内部物质的存在，那么如果还有大量的物质以其他方式"躲"在别的什么地方，我们就无法发现它们。因此，直接测量整个可见宇宙的几何形态可能是个更好的方法。

　　但是，如何才能测量整个可见宇宙的三维几何形态呢？从一个简单些的问题入手，可能会更容易：如果不许绕地球一圈或者站在地球上方从卫星上鸟瞰，那么你如何判断一个像地球表面一样的二维物体是不是弯曲的？

　　首先，你可以问一名高中生，三角形的内角和是多少。（但是，请仔细选择高中，欧洲的高中会是个比较好的选择。）你会被告知答案是180度，因为高中生毫无疑问地学过欧几里得几何，也就是平面几何。而在一个弯曲的表面上，例如在一个球面上，你却可以画出一个内角和远大于180度的三角形。比如，我们可以在地球上画这样一个三角形，首先沿着赤道绘制一条直线，然后朝北极方向画个直角，再画另一个直角回到赤道，如图 3-1 所示。三个 90 度之和是 270 度，远远超过了 180 度，如你所见！

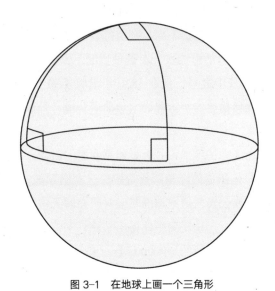

图 3-1　在地球上画一个三角形

　　这种简单的二维思维可以直接扩展沿用到三维空间，因为最先提出非平面或者说非欧几何的数学家们意识到在三维空间中可能存在着类似的情形。19 世纪最著名的数学家卡尔·弗里德里希·高斯（Carl Friedrich Gauss）就被宇宙也许是弯曲的这种假设所吸引，并对此极为着迷。他从 19 世纪 20 年代和 30 年代大地测量学的地图中摘取数据，来测量由德国的山峰霍希哈根峰（Hoher Hagen）、因塞伯格峰（Inselberg）和布罗肯峰（Brocken）所构成的大三角形。他的目的就是要看看空间本身是否存在曲率。当然，由于山峰本身就坐落在地球表面上，因此地球表面的二维曲率会干扰他测量地球所在的三维空间的曲率。他肯定知道这一点。我猜测他计划从最终结果中减去这部分额外的干扰项，然后再看是否还存在剩余曲率。这部分剩余的曲率就可以归因于背景空间的弯曲。

第一位试图准确测量空间曲率的是一位名不见经传的数学家尼古拉·伊万诺维奇·罗巴切夫斯基（Nikolai Ivanovich Lobachevsky）。他住在偏远的俄罗斯喀山。和高斯不同，有两位数学家勇敢地在著作中明确提出了所谓双曲曲面几何的可能性，在这种情况下平行线可能会分道扬镳。罗巴切夫斯基就是其中之一，他在 1830 年出版了关于双曲几何的著作。现在我们将双曲几何描述的宇宙称为"负曲率"或"开放"宇宙。

不久之后，在考虑三维宇宙是否可能是双曲的时候，罗巴切夫斯基建议"研究一个由星体组成的三角形作为解决这个问题的实验方案"。他同时建议当地球分别在公转轨道两端的时候对明亮的天狼星进行观测。这两次观测之间相隔 6 个月。从观测中他得出结论，宇宙中任何一点的曲率半径至少是地球公转轨道半径的 166 000 倍。

这是一个很大的数字，但在宇宙尺度上它又是微不足道的。可惜的是，虽然罗巴切夫斯基的想法很正确，但他却受限于当时的技术条件。150 年之后，得益于对宇宙微波背景辐射的测量，事情终于有了转机。这是整个宇宙学的研究中最重要的一组观测结果。

宇宙微波背景辐射其实就是大爆炸所产生的余晖。它为宇宙大爆炸理论提供了另一条直接的证据。因为宇宙微波背景辐射允许我们直接追溯过去，探测曾经的那个年轻的、炙热的宇宙。而今天我们所看到的宇宙中的所有结构都是由那个年轻炙热的宇宙中孕育而生的。

关于宇宙微波背景辐射，有许多不寻常的故事。其中之一是它的发现过程。世界上有那么多地方，它偏偏是在新泽西由两位完全不知道自己在寻找什么的科学家发现的。另一个就是，它一直就在我们眼皮子底下，是随时都可以探测得到的，却被所有人完全忽视了。其实，如果你年纪足够大，很有可能你也曾见过它所产生的效应，却并没有意识到它的存在。你还记得有线电视出现之前的日子吗？那时所有频道都会在凌晨结束播放，而不是整夜播放节目。当节目播完，显示测试图案之后，屏幕将恢复为静电噪声状态。你在电视屏幕上看到的静电噪声中，大约有1%便是由大爆炸所遗留的辐射带来的。

宇宙微波背景辐射的起源还是很直观的。我们已知宇宙的年龄有限，正如第1章所述，是137.2亿年。当我们遥望星空时，实际上是在望着过去的时光，因为光需要经过很长的时间才能从那些天体到达我们。因此，可以想象，如果我们看得足够远，就会看到大爆炸本身。尽管理论上存在这种可能性，但实际情况是，我们和那个最早的时间点之间隔着一堵"墙"。这堵"墙"并不是一面有形的墙壁，它和我正在写书的这个房间的墙壁不同，却在很大程度上具有相似的效果。

我的视线无法穿过房间的墙壁，因为它是不透明的，并且会吸收光。但当我望向越来越远的深空，我看见的却是越来越年轻，也越来越炙热的宇宙。这是因为宇宙自大爆炸以来一直在冷却。如果我能看得更远，能看到宇宙大约30万岁的时候，宇宙的温度约3 000开尔文。在这个温度下，环境中的辐射能量非常高，高到能让在宇宙中占统治地位的氢原子发生分裂，成为相互独立的质子和电子。因此，在这个时刻之前不存在中性物质。宇宙中由原子核和电子构成的普通物质，这时是由致密的"等离子体"组成的，而等离子体是在带电粒子与辐射的相互作用下产生的。

　　然而，等离子体对辐射来说是不透明的。等离子体内的带电粒子会吸收光子并将它们再次发射，因此辐射无法不受干扰地穿过这样的物质。结果就是，如果我试图一直看向更久之前的过去，到最后我所能看到的图景将止于宇宙中的物质主要由等离子体组成的那一时刻。

　　我再用房间里的那面墙壁做个类比。我可以看见墙壁，只是因为墙壁表面的原子中的电子吸收了房间里的光线，然后重新发出光。我和墙壁之间的空气是透明的，所以我可以一直看过去，直到看到那面发着光的墙壁。宇宙也是如此，当我向外看去，我可以看到那个"最后散射面"。这是宇宙开始变为中性，质子与电子结合形成中性的氢原子的地方。从这一时刻开始，宇宙就在很大程度上对辐射透明了，而随着宇宙中的物质变为中性，现在的我才能看到那些曾经被电子吸收并再次发出的光。

　　根据宇宙大爆炸理论的预测，宇宙中应该存在来自最后散射面的辐射，它们从四面八方来到地球。自那个时刻以来，宇宙已经膨胀了大约1 000倍，因此这种辐射在行进到地球的过程中已经冷却到大约为3开尔文。这与两位科学家1965年在新泽西发现的信号精确吻合。后来，他们也因为这个发现而获得了诺贝尔奖。

　　最近，又有科学家因为对宇宙微波背景辐射的观测而获得了诺贝尔奖，并且更为实至名归。如果我们可以拍摄一张最后散射面的照片，那么我们就可以看到诞生之后仅仅30万年的初生宇宙和所有原初的结构。这些结构在后来塌缩为星系、恒星、行星，还有其他的一切，可能还包括外星人。最重要的是，这些结构在那时还没有受到动力学演化的影响。大爆炸最早期的那些奇异过程会使物质和能量产生微小的原始扰动，而随后发生的动力学演化则会将这些原始扰动的本质和起源掩盖起来。

　　然而，对我们当下的议题来说，最为重要的是最后散射面上存在一个特征尺度。这个尺度是时间本身的印记，与其他的一切无关。我们可以这样理解：对于一个在地球上的观测者而言，其视线在最后散射面上转动大约 1 度，就对应着大约 30 万光年。由于最后散射面对应着宇宙诞生后 30 万年的那一刻，且爱因斯坦告诉我们，宇宙中没有任何信息可以超越光速传递，这就意味着从某个地方发出的信号在那个时刻最多能够在最后散射面上传递大约 30 万光年的距离。

　　假设有一团尺寸小于 30 万光年的物质，由于自身的引力作用，这团物质将开始塌缩。但是，对于一个尺寸超过 30 万光年的物质团块而言，它并没有开始塌缩，因为它都甚至还不"知道"自己是一个团块。引力本身以光速传播，因此还不能穿过物质团块。就像大笨狼怀尔（Wile E. Coyote）[①] 直接从悬崖上一跃而下后不上不下地悬挂在空中一样，这个物质团块会一直待在那里等待着塌缩，直到宇宙年纪更大的时候，塌缩才会开始。

　　在这里我挑了一个特殊的三角形给大家展示一下。它一边的长度是 30 万光年。这条边和我们之间的距离是已知的，是由我们和最后散射面之间的距离决定的，如图 3-2 所示。对于已经开始塌缩的物质团块，它们的尺寸应和这个角度所对应的距离相同。随着这样的团块开始塌缩，微波背景面的图像上就会产生不规则的热点图案。如果我们能够得到当时微波背景面的图像，那么，我们在这个图像上找到的那些最大热点的平均尺寸应该与这些团块的尺寸相当。

---

① 大笨狼怀尔是动画片《哔哔鸟与大笨狼》中的一个角色。——译者注

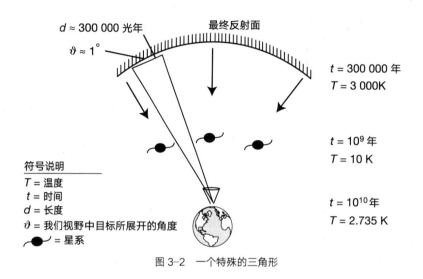

图 3-2　一个特殊的三角形

　　然而，前文所说的这个角度是不是精确的 1 度，实际上是由宇宙的几何形态决定的。在平直宇宙中，光线始终沿直线传播。然而，在开放宇宙中，时间越早光线越向外弯曲。在封闭宇宙中，时间越早光线越向内聚集。因此，如果在最后散射面上有一把长度为 30 万光年的尺，在我们的视野中它的实际角度将取决于宇宙的几何形态，如图 3-3 所示。

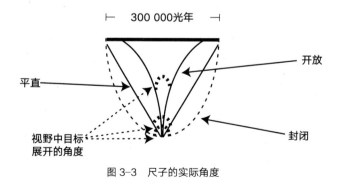

图 3-3　尺子的实际角度

这就为检测宇宙的几何形态提供了一个直接又简洁的方法。由于微波背景辐射图像中最大的热点或冷点的大小仅仅由引力只能以光速传播这个规律所决定，因此在当时可能会塌缩的最大区域单纯地由那个时候光线可以传播的最远距离所决定。同时由于那把尺子在我们视野中展开的角度只取决于宇宙的曲率，所以最后散射面的简单图像就可以向我们展示出时空的大尺度几何形态。

第一个尝试这种观测方法的实验是 1997 年在南极进行的由地面发射的气球实验。这个实验的名字是 BOOMERANG，起这个名字的原因很简单，它就是地外辐射和地球物理微波气球观测（Balloon Observations of Millimetric Extragalactic Radiation and Geophysics）的缩写。一个微波辐射计连接在高空气球上，就像图 3-4 所展示的这样。

图 3-4 地外辐射和地球物理微波气球观测

实验开始后，气球环绕世界飞行。这在南极很容易做到，因为只需让气球绕着南极转个圈就行。气球从麦克默多（McMurdo）站出发，在极地风的帮助下，绕行南极洲一圈的旅程（见图 3-5）花费了大约两个星期的时间。之后，气球回到了起点。也正因如此，这个实验被称为 BOOME-RANG（回旋镖）。

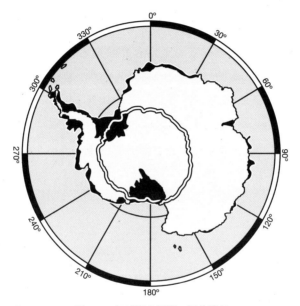

图 3-5　气球绕南极洲一圈的路径

气球旅行的目的是绘出微波背景辐射的图像。为了反映出绝对零度以上 3 度的温度，要避免地球上各种热源的污染。但即使在南极，环境温度也比宇宙微波背景辐射的温度高出 200 多度，因此实验环境要尽可能地远离地面，甚至高过地球表面大部分的大气。理想情况下，可以使用卫星达到这个目的，但高空气球可以用更少的经费完成大部分工作。

两个星期后，BOOMERANG 探测器返回了天空中微波背景辐射的一小部分图像。它就是来自最后散射面的辐射分布图。图上面分布着热点和冷点。我们将一幅 BOOMERANG 实验观察区域的图像叠加在图 3-4 上（见图 3-6）："热点"和"冷点"分别对应图片中深色和浅色的区域。

图 3-6　BOOMERANG 实验观察区域的图像

对我而言，这幅图像传达了两个信息。首先，通过和前景图像进行比较，它显示了 BOOMERANG 探测器在天空中看到的热点和冷点的实际物理尺度。再者，它也说明了另一个重要的方面，即我们是宇宙近视（cosmic myopia）。在阳光灿烂的日子，我们抬头时会看到蓝天，就像图3-4 所展示的那样。但这是因为我们的眼睛只能看到可见光波段的辐射。我们会这样进化，既是因为太阳表面发出的光线在可见光波段最强，也是因为许多其他波长的光会被大气所吸收，所以它们无法到达地球表面。这对我们而言是一种幸运，因为这些波段的辐射大部分可能是有害的。假如我们可以进化出能"看见"微波辐射的本领，那么无论白天还是黑夜，只要不直视太阳，我们都将会看到那距我们超过 130 亿光年的最后散射面的图像。这也正是 BOOMERANG 探测器所返回的图像。

BOOMERANG 探测器的首次飞行可以说非常幸运，因为南极地区有着不可预知的恶劣环境。在 2003 年的飞行中，整个实验由于气球故障和随后出现的风暴差点失败。在气球即将被吹到某个人们尚无法前往的区域前的一刻，科研人员下达了把包含科学数据的加压仓从气球上释放的指令，最终挽救了整个实验。在后续的搜索救援行动中，人们在极地平原上找到并取回了包含科学数据的加压仓。

在解释 BOOMERANG 探测器获得的图像之前，有必要再强调一下，BOOMERANG 探测器获取的图像上记录的热点和冷点的实际物理尺寸是由最后散射面简洁的物理机制所确定的，而图像上热点和冷点的测量尺寸则取决于宇宙的几何形态。一个简单的类比可能有助于进一步解释结果：在二维空间中，封闭的几何体类似于球体的表面，开放几何体类似于马鞍的表面。如果我们在这些表面上画一个三角形，我们会观察到图 3-7 中的效果，直线在一个球体表面上汇聚，而在马鞍表面上发散，在平面上则仍是直线。

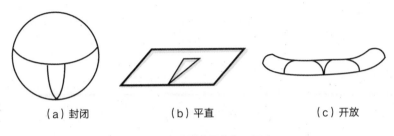

（a）封闭　　　　　（b）平直　　　　　（c）开放

图 3-7　在不同表面上的三角形

　　现在最重要的问题是，BOOMERANG 探测器获取的图像中的热点和冷点到底有多大？为了回答这个问题，BOOMERANG 项目的参与者们在计算机上准备了几个在封闭、平直和开放宇宙中模拟热点和冷点的图像。他们将这些图像与真实微波天空的另一张伪彩色图像进行了对比（见图3-8）。

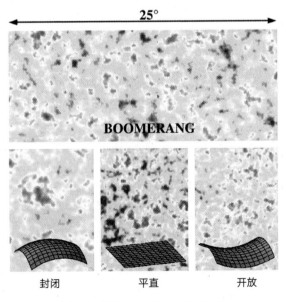

图 3-8　模拟图像与真实图像的对比

如果检查左下角这张模拟出来的封闭宇宙的图像，你将会发现，斑点的平均尺寸大于观测到的真实宇宙中斑点的大小。而在右下角的图中，斑点的平均尺寸又较小。但是，就像《金发姑娘和三只熊》（Goldilocks）故事中的那头宝贝熊的小床一样，中间图像对应平直宇宙的那些斑点的尺寸却是"刚刚好"的。理论家所希望的数学形式优美的宇宙似乎被这一观测所证实，即使它和通过称量星系团质量得出的结论存在着明显的冲突。

事实上，平直宇宙的预言和 BOOMERANG 探测器获得的图像一致这个结果相当令人尴尬。通过检查图像中的斑点，搜寻其中最大的那些在最后散射面对应的一刻发生明显塌缩的点，BOOMERANG 团队得到了图3-9。

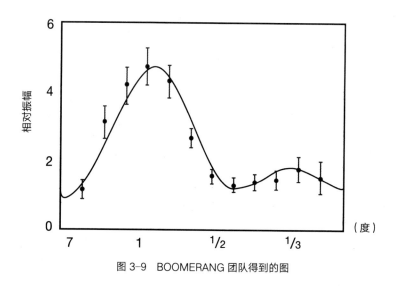

图 3-9　BOOMERANG 团队得到的图

在这张图中，实测数据用点表示。实线则给出了平直宇宙的预测结果，其峰值在接近 1 度的地方！

在 BOOMERANG 团队发布了实验结果之后，美国国家航空航天局发射了一个灵敏度比 BOOMERANG 高得多的宇宙微波背景辐射卫星探测器，也就是威尔金森微波各向异性探测器（Wilkinson Microwave Anisotropy Probe，WMAP）。这个探测器以已故普林斯顿物理学家戴维·威尔金森（David Wilkinson）的名字命名。如果不是贝尔实验室的科学家拔得头筹，他原本应该是最早发现宇宙微波背景辐射的物理学家之一。WMAP 于 2001 年 6 月被发射到距离地球 100 万英里①的地方，位于地球背对太阳的那一面。在那里它可以观察微波天空，而不会受到阳光的干扰。在 7 年的观测中，它获取了整个微波天空的图像。它不仅不像 BOOMERANG 探测器那样受限于地面环境且只能观测部分天空，而且其获得的图像达到了前所未有的精度（见图 3-10）。

图 3-10　WMAP 获得的图像

图 3-10 中，整个天空都投影在同一个平面上，就像将地球的表面投影到地图上一样。在这张图中，银河系的平面在赤道位置，银河系平面上方的 90 度是这个地图上的北极，平面下方的 90 度是南极。银河系本身的

① 英里，距离单位，1 英里 =1.609344 千米。——编者注

图像已经从地图中去掉了，这样我们就可以看到纯粹来自最后散射面的辐射分布图。

有了如此精确的数据，我们就可以更准确地估计宇宙的几何形态。与 BOOMERANG 探测器获得的图像类似，WMAP 获得的图像进一步证实了我们生活在一个平直宇宙中，误差仅为 1%！理论家们的期望是正确的。然而，我们仍不能忽视这个结果与第 2 章中的结论明显不一致。通过测量星系和星系团的质量，计算出的宇宙质量只是构成一个平直宇宙所需质量的 1/3。这一矛盾还有待解决。

虽然理论家们可能会为猜测到宇宙是平直的而额手称庆，但出乎人们预料的是，大自然早已准备了惊喜，以解决通过称量宇宙和测量曲率这两种方法所得结果之间的矛盾。构成一个平直宇宙所需要的质量中缺失的那部分，实际上也一直隐藏在我们眼下。

A
UNIVERSE
FROM NOTHING

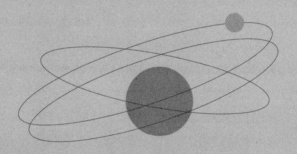

04

无中生有，
都是"空无"惹的祸

少即是多。

——路德维希·密斯·凡德罗

　　前进一步，又后退两步，这似乎就是我们在试图理解和准确描述宇宙时所要面对的现实。虽然根据观测结果我们最终确定了宇宙的曲率，也在这一过程中证实了长久以来的理论猜测，但是，即使已知宇宙中存在的物质质量是质子和中子质量的 10 倍，加上宇宙中存在大量的暗物质，占了构成平直宇宙所需质量的 30%，这些已知的物质却仍然远不足以提供构成平直宇宙所需的能量。对宇宙几何形态的直接测量，以及后续对平直宇宙的确定，意味着宇宙的总能量中有 70% 仍然未被发现。这些能量既不在星系甚至是星系团内部，也不在它们的周围。

　　然而，这一切并没有给人们带来过多的震撼。因为在测量宇宙的曲率，以及测定星系团中物质的总量（如第 2 章所述）之前，已经有迹象表明当时传统理论所预言的宇宙图景，即宇宙在空间上是平直的并且包含有足够（我们已知的 3 倍）的暗物质这一描述，与观测结果是不一致的。早在 1995 年，我和来自芝加哥大学的同事迈克尔·特纳（Michael Turner）共同发表过一篇与主流观点不合的文章，其中就指出过这种传统的宇宙图景不可能是正确的。我们认为，唯一能够将平直宇宙（我们当时的理论偏好）与对星系成团性及其内部动力学的推测结果统一起来的解释就是，宇宙本身极为奇特。这个奇特的宇宙曾出现在爱因斯坦于 1917 年提出的那个疯狂的想法中。当时，爱因斯坦提出这个想法是为了解决理论预测与他认知中的静态宇宙之间明显的矛盾，然而后来他自己推翻了这个想法。

在我的印象中，我们发表这篇文章的初衷主要是指出当时普遍的认知中存在的一些错误，而非提出一个最终的解决方案。我们提出的观点在当时显然是太过疯狂且令人难以置信的。因此，当我们在 3 年后发现这个非主流的观点竟然恰好正确的时候，可能没有人比我们自己更惊讶！

让我们回到 1917 年。那时爱因斯坦提出了广义相对论，并且用这套理论成功解释了水星近日点的进动，为此他高兴到发生了心悸。但是他也不得不面对一个事实，那就是他的这套理论无法解释静态宇宙，也就是当时他心中宇宙该有的样子。

如果那时他更有信心和勇气，他或许就会预言宇宙并不是静止的。然而他没有。相反，他认为可以对自己的理论做一个小小的修改，而且这个修改与他最初用于推导广义相对论的数学推理完全一致。经过这次修改，一个静态的宇宙似乎成为可能。

爱因斯坦的广义相对论方程虽然细节很复杂，但总体结构相当简洁。方程的左边描述了宇宙的曲率和作用于物质与辐射之上的引力强度。它们都取决于方程右边的参数。这些参数反映了宇宙中各种能量和物质的总密度。

爱因斯坦发现，可以在方程的左边加入一个额外的很小的常数项，用于表征物体之间随着距离增加而减小的引力之外，存在于整个空间中的一个额外的微小且恒定的斥力。如果这个斥力足够小，那么它在人类甚至太阳系的尺度上就可能是检测不到的，但它又能保证在这样的尺度上牛顿的引力定律仍能完美适用。爱因斯坦解释说，假如这个斥力在所有的空间都是不变的，那么即使它很小，当它作用在银河系的尺度上时，就足以抵消遥远的天体之间存在的引力。他据此推断有可能正是这个原因导致了在大尺度上宇宙是静态的这个事实。

爱因斯坦把方程中这个额外的项称为宇宙项。由于它仅仅是方程中一个额外的常数，因此人们现在通常将其称为宇宙常数。

当爱因斯坦发现宇宙实际上正在膨胀的时候，他立刻就删除了方程中这一额外的项。据说，他把自己在方程式中添加这一项的决定视为一生中最大的错误。

但是要把这个额外的项去掉绝非易事，就像我们很难把牙膏挤出来之后再放回管子里。现在我们对宇宙常数已经有了一个完全不同的认识，所以即使爱因斯坦当初没有加入这一额外的项，在其后的日子里也会有其他人这样做。

将爱因斯坦添加的宇宙项从方程左边移到右边，这对于数学家来说是一小步，但对物理学家而言则是一个巨大的飞跃。尽管从数学上看这样做无足轻重，但是一旦将这一项移到右边，也就是将其移到代表宇宙中所有能量的这一边，它的物理意义就完全不同了，它代表了宇宙总能量新的组成部分。但这个部分究竟是什么呢？

答案是，空无。

空无，并不是说什么都没有，而是一种特殊的存在。这里的"空无"，指的就是我们通常所说的真空。也就是说，如果我选定一个区域，把里面所有东西，包括尘土、气体、人，甚至穿过其间的辐射，也就是将这个区域里一切的一切，都取走，如果此时这个区域里还剩下些什么，那就是对应于爱因斯坦所定义的宇宙常数的存在。

这一切使得爱因斯坦定义的宇宙常数看起来更加古怪了！任何一个四年级的学生都能回答你什么都没有的空间里没有能量，即使他们还不知道能量是什么。

这是因为，大多数四年级学生没有学习过量子力学，也没有学习过相对论。当我们把爱因斯坦的狭义相对论和量子宇宙结合到一起时，这种"真空"就变得更加奇怪了。它的特性太过离奇，以至于首先发现和分析这种新特性的物理学家也很难相信它真的存在于现实世界中。

第一个成功地将相对论和量子力学相结合的人是聪明干练的英国理论物理学家保罗·狄拉克（Paul Dirac）。他在量子力学理论的发展中发挥了主导作用。

量子力学是在 1912 年至 1927 年发展起来的，主要借由几位科学家的杰出贡献，其中的代表人物是丹麦物理学家尼尔斯·玻尔（Niels Bohr），还有年轻聪慧的奥地利物理学家埃尔温·薛定谔（Erwin Schrödinger），以及德国物理学家维纳·海森堡（Werner Heisenberg）。量子世界最初由玻尔提出，薛定谔和海森堡在数学上进行了修正，它挑战了以往人们凭经验获得的常识和所有建立于人类尺度上的观念。玻尔最先提出，原子中的电子绕着原子核运动，就像行星绕着太阳运动一样。他证明了原子光谱（不同元素发射光的频率）的规律只能解释为由于某种原因，电子被限制在一系列对应着固定的"量子能级"的稳定轨道中旋转，而不能自由地向原子核旋进。通过吸收或发射频率离散的光，或者说光量子，电子就可以在不同能级间移动。这种光量子正是 1905 年马克斯·普朗克（Max Planck）首次提出的量子。量子的提出是为了解释高温物体产生的辐射。

然而，玻尔提出的"量子化规则"看上去就像生搬硬套的，缺少强有力的理论作为支撑。20 世纪 20 年代，薛定谔和海森堡分别证明，"量子化规则"可以从第一性原理中推导得到，但前提是电子所遵循的动力学规则与像棒球这样的宏观物体所遵循的动力学规则不同。电子可以表现得既像波又像粒子，可以在空间中扩散，由此，薛定谔给出了电子的"波函数"。此外，对电子属性的测量仅产生概率上的测定结果，且不同属性的各种组合在同一时间并不能被精确测量，由此，海森堡提出了"不确定性原理"。

狄拉克证明，海森堡所提出的描述量子系统的数学模型（海森堡因为这一发现获得了 1932 年的诺贝尔奖）可以通过与传统宏观物体动力学中那些众所周知的定律仔细类比推导出来。后来，他还证明了薛定谔提出的"波动力学"的数学表达式也可以如此推导出来，并且在形式上等同于海森堡方程式。但是，狄拉克也知道，玻尔、海森堡和薛定谔的量子力学虽然非同凡响，却仅适用于特定的系统。这些系统本身就是通过类比适用牛顿定律的经典物理系统建立的，而不是以爱因斯坦的相对论作为基础。

狄拉克喜欢用数学而不是图像来思考。当他将致力于让量子力学和爱因斯坦的相对论统一起来时，他便开始尝试使用各种不同形式的方程。其中就包括复杂的多组分数学系统。这类系统是描述电子"自旋"这一现象的前提之一。自旋，指的是电子会像小陀螺一样旋转并因此具有角动量的现象。在这个过程中，它们会绕任意轴以顺时针或逆时针旋转。

1929 年，他终于成功了。薛定谔方程可以优美、准确地描述电子以比光慢得多的速度运动时的行为。狄拉克发现，如果将薛定谔方程修改为更复杂的矩阵形式，就可以同时描述四个不同却又耦合在一起的方程，也就可以将量子力学和相对论统一起来，进而原则上就可以进一步描述那些包含高速运动电子的系统的行为。

然而这带来了一个新问题。狄拉克建立这个方程的初衷是描述电子与电场和磁场相互作用时的行为。但是他的方程中似乎还需要补充一种新的粒子。这种粒子的行为就像电子一样，却具有和电子相反的电荷。

当时，自然界中只有一种已知的基本粒子有着与电子相反的电荷，那就是质子。但除了这个特征以外，质子和电子完全不同。从质量上看，质子就比电子大了 2 000 倍！

狄拉克感到十分困惑。在绝望之中，他提出，这种新的粒子实际上就是质子，但是出于某种原因，当质子在空间中移动时，它们之间的相互作用会使它们表现得比实际更重。但没过多长时间，包括海森堡在内的其他科学家就证明了这个提议并不成立。

大自然很快就挺身而出。在狄拉克提出他的方程不到两年之后，他就放弃了之前的想法并选择接受自己的理论的正确性，认为这种新粒子是必然存在的。一年之后，那些观测并研究不断轰击地球的宇宙射线的实验者就发现了这种新粒子存在的证据。这种新粒子与电子几乎一模一样，却具有相反的电荷。它们被称为正电子。

事实证明狄拉克的理论是正确的，但是他也承认之前对自己的理论缺乏自信。后来他曾说，还是他的方程更聪明！

现在我们称正电子是电子的"反粒子"，因为事实证明狄拉克的理论在自然界中普遍适用。需要电子存在对应反粒子的物理模型要求自然界中几乎每一种基本粒子都要有对应的反粒子存在。例如质子和反质子。即使是中性粒子，如中子，也有对应的反粒子。当粒子和反粒子相遇时，它们将湮灭，转化为纯粹的辐射。

尽管这些听起来就像是科幻小说，并且反物质也确实在《星际迷航》这部科幻作品中起着重要作用，世界各地的大型粒子加速器还是一直在创造反粒子。因为反粒子具有与粒子相同的性质，所以反物质世界中事物的行为模式与物质世界相同。在反物质世界的反月亮下面，反情侣也会坐在反汽车里谈情说爱。我们所在的宇宙之所以是由物质组成，而不是反物质或者同样多的正反物质组成，可能仅仅是个意外。稍后我们将会讨论导致这个意外的更深刻的原因。

反粒子的存在使我们可观察的世界更为有趣，但同时也使真空的概念更加复杂。

对于为什么相对论需要反粒子的存在，传奇物理学家理查德·费曼（Richard Feynman）率先给出了一种直观的解释，并图形化地说明了真空为什么并不是空的。

费曼认识到，相对论告诉我们，以不同速度移动的观测者在测量距离和时间等参数时会得到不同的结果。例如对于移动得很快的物体，时间会减慢。如果物体可以移动得比光速更快，那么它们将能回到过去。而这也正是光速通常被认为是宇宙极限速度的原因之一。

量子力学中存在着一个最基础的原理，即海森堡不确定性原理。正如前文所述，这个原理指出，在同一时刻，对于一个给定系统，它的某对参数，如位置和速度，其精确值是无法被同时测定的。或者说，如果仅在固定的、有限的时间间隔内测量给定系统，测量者是无法精确测定其总能量的。

这就意味着，如果给你一段很短的时间，短到你无法在其间精确测量粒子的速度，那么量子力学就允许这样一种可能性出现：这个系统内粒子的运动速度似乎比光速还快！如果它们的运动速度可以超过光速，爱因斯坦告诉我们，它们看上去必定像是在逆着时间移动！

勇敢的费曼认真地考虑了这个明显荒谬的可能性，并探讨了这种可能性会带来的影响。他画了一张电子移动的图，如图 4-1 所示。电子在移动过程的中间部分会时而加速到超过光速。

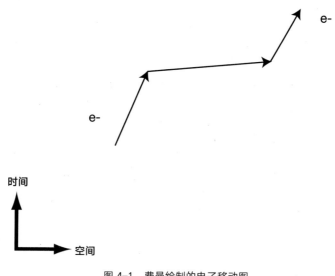

图 4-1　费曼绘制的电子移动图

费曼认识到，在这种情况下相对论告诉我们，另一个观察者的测量结果可能会如图 4-2 所示。电子先是会随着时间向前，然后逆着时间向后运动，然后再次向前移动。

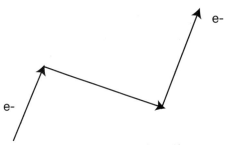

图 4-2　另一个观察者的测量结果

然而，逆着时间运动的负电荷在数学上就等于顺着时间向前的正电荷。因此，相对论要求有与电子质量相同，其他性质也相同的带正电荷的粒子存在。

在这种情况下，人们可以重新解释费曼的第二幅图：一个电子在空间中移动，然后在空间的另一个点，一个正电子 – 电子对从真空中被创造出来，再后来正电子与第一个电子相遇并发生湮灭。最后，剩下的那个单独的电子又继续向前移动（见图 4-3）。

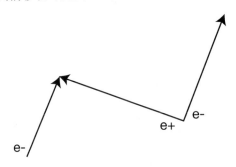

图 4-3　重新解释费曼的第二幅图

如果你觉得这个解释还算合理，那么请继续考虑以下几点：在一段时间内，虽然一开始只有一个粒子，并且最后也只剩一个粒子，但在其中一段很短的时间内会有 3 个粒子同时存在（见图 4-4）。

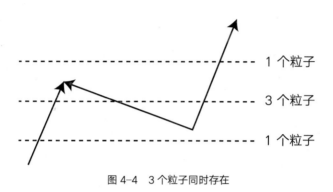

图 4-4　3 个粒子同时存在

在中间那个短暂的时期，至少存在一个瞬间，有新的东西无中生有！费曼在他 1949 年发表的《正电子论》中用一个有趣的比喻精辟地描述了这个明显的悖论。

> 这就像低空飞行的轰炸机里的一个炮兵，他正从投弹瞄准器中盯着一条马路。这时，他突然看到了三条路，但当其中两条路汇聚到一起又再次消失时，他才意识到他只是掠过了刚才那条路上一段往复的"之"字形路段。

只要这个"'之'字形路段"出现的时间很短，短到我们无法在此期间直接测量所有的粒子，那么量子力学和相对论不仅允许这种荒诞的情况存在，而且要求它必须存在。在极短的时间尺度上出现又消失，并且无法被测量的那些粒子称为虚粒子。

在真空里创造出一整套无法测量的新粒子，这就仿佛是在讨论针尖上能站几个天使这样的玄学。如果这些粒子没有其他可测量的效应，那么这个想法就毫无用处。尽管这些粒子无法直接观测，它们所产生的间接影响却造就了我们今天所居住的这个宇宙的大部分特征。不仅如此，这些粒子产生的影响还可以被无比精确地计算出来。

这里以氢原子系统为例。玻尔为解释这个系统拓展了他的量子理论，后来薛定谔也曾试图用他那个著名的方程来描述这个系统。量子力学的美妙之处在于，它可以解释氢气被加热时发出光线的特定颜色。这套理论认为围绕质子运动的电子只能存在于离散的能级上，并且当它们在不同能级之间跃迁时只能吸收或发射一系列固定频率的光。薛定谔方程还可以用来计算和预测相应的频率，得到近乎完全正确的结果。

但是，并不完全正确。

当人们对氢的光谱进行更仔细的观测时，人们发现它比之前估计的更为复杂。在之前观测到的能级之间，人们看到了能级的进一步细分，即光谱的"精细结构"。自玻尔时代以来，这种细分就是已知的。人们曾经怀疑这种能级的细分可能和相对论有关。然而，在整个围绕相对论的理论体系建立起来之前，没有人能证实这种猜测。令人高兴的是，狄拉克的方程比薛定谔方程更成功地改进了理论的预测结果，从理论上计算出了实际观测到的光谱结构，其中就包括了光谱的精细结构。

到目前为止，一切看上去都很完美。但是 1947 年 4 月，美国实验者威利斯·兰姆（Willis Lamb）和他的学生罗伯特·雷瑟福德（Robert C. Retherford）进行的一次实验却使情况发生了转折。起初他们的实验显得完全没有具体的科学目标。实验的起因是他们发现自己的实验室具有精确测量氢原子能级结构的技术条件，其测量精度可以达到一亿分之一。

那为什么他们还要去测这个？这是因为，每当实验者发现一种新的方法可以把之前可能达到的测量精度大大提高时，他们往往就会产生足够的实验动机。全新的世界往往会在这个过程中被揭示出来，就像 1676 年荷兰科学家安东尼·菲利普斯·范·列文虎克（Antonie Philips van Leeuwenhoek）第一次用显微镜盯着一滴看上去什么都没有的水滴却发现里面充满着微生物一样。对于氢原子能级的精细测量而言，这两位实验者的动机相对更明确。这是因为在兰姆进行这次实验之前，所有实验都无法达到验证狄拉克的预测所需要的精度。

狄拉克方程所给出的预测在大致结构上与观测结果一致，但是兰姆想要回答的关键问题是这个预测在细节上的推论是否也足够准确。这个实验是能够验证这套理论的唯一途径。当兰姆验证这一理论时，理论似乎给出了错误的答案，其与实验结果的差别大约在一千万分之一，高于他所使用的测量设备的探测灵敏度。

理论与实验之间这么微小的差别看起来无关紧要。但是狄拉克理论的预测结果是明确的，实验的观测结果也是明确的，然而它们却不一样。

在接下来的几年中，物理学界那些顶尖的理论家们都转去研究这个问题，试图找到产生这个差别的原因。在他们不断的努力之下，问题有了答案。当尘埃落定的时候，人们意识到狄拉克方程实际上精准地给出了正确答案，但前提是必须把虚粒子的影响考虑进来。以下一系列图片有助于理解这一点。氢原子在化学书籍中通常是这样画的：质子在中心，电子围绕它运动，并在不同的能级之间跃迁，如图 4-5 所示。

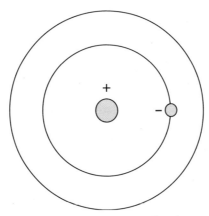

图 4-5　化学书籍中氢原子的画法

　　然而，一旦我们允许电子 - 正电子对可以自发地从真空中突然出现并存在一段时间，然后再发生湮灭，那么在任意一段极短的时间内，氢原子其实看起来就如图 4-6 所示。在图 4-6 的右边，我画了一对这样的正负电子，它们将在图的上方湮灭。虚电子因为带负电荷，倾向于更靠近质子，而正电子则会待在较远的地方。从这张图中就可以清楚地看出，氢原子中实际电荷的分布在任何时刻都不是简单地用单个电子和质子就能描述的。

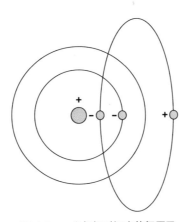

图 4-6　一段极短时间内的氢原子

　　值得注意的是，通过费曼和其他科学家的勤奋研究，物理学家们现在已经学会了利用狄拉克方程对所有可能间歇存在于氢原子附近的虚粒子对氢原子光谱造成的影响进行高精度的计算，并由此得到了最完美、最准确的科学预测。相较之下，所有其他的科学预测都黯然失色。在天文学方面，宇宙微波背景辐射的最新观测结果与理论预测进行比较时，精度可以达到十万分之一左右。这样的精度已经令人叹为观止。然而，使用狄拉克方程并考虑虚粒子的存在，可以计算出原子参数的值，将其与观测值进行比较，两者在十亿分之一甚至更高量级的精度上都能保持惊人的一致性！

　　因此，虚粒子的确存在。

　　虚粒子为原子物理带来了惊人的精确度，而在另一个地方它同样发挥着关键作用，且它与本书的核心问题更是密切相关。虚粒子和人类身体大部分的质量以及在宇宙中一切可见的东西都有关系。

　　20世纪70年代，人们在对物质基本构成的探索中取得的巨大成就之一是发现了可以准确描述夸克之间相互作用的理论。夸克是组成质子和中子的粒子。质子和中子构成了物质的主体，你和你所能看到的一切都是由它们构成的。与这套理论相关的数学非常复杂，甚至在这一理论提出几十年后，计算技术才发展到能够处理它的水平。对于夸克之间强相互作用力变得明显的区域更是如此，人们花费了巨大的财力物力，建造了可以同时利用数万个独立处理器进行并行计算的复杂计算机阵列，目的就是研究质子和中子的基本属性。

　　基于上述工作，我们现在对质子的内部情况已经有了较深入的了解。那里可能有3个夸克，但除此之外还有很多别的东西。特别是虚粒子，它们总会不时出现，反映出传递夸克之间强相互作用力的粒子和场。图4-7

反映了质子内部的样子。当然，这不是一张真正的照片，而是一种艺术化的呈现。它用数字方法实现了数据可视化，展示了控制着夸克以及束缚它们的场的动力学特征。其中那些奇异的形状和不同的阴影所反映的是当虚粒子自发地突然出现又消失的时候，它们彼此之间的相互作用以及它们与质子中的夸克相互作用的场的强度。

图 4-7　质子内部的艺术化呈现

质子中会不时地大量充斥着这些虚粒子。当我们试图估算它们可能对质子的质量有多大贡献时，我们发现夸克本身的质量很小，而由这些虚粒子创造出的场却贡献了质子静止能量中的一大部分，因此它们也就构成了质子静止质量中的一大部分。对于中子来说也是如此。而你又是由质子和中子构成的，所以对于你来说也是如此！

如果可以计算出虚粒子对原子内部及其周围空间的影响，并且可以计算出虚粒子对质子内部空间的影响，那么我们不就能计算出虚粒子对真空的影响了吗？

然而，这个计算过程远比想象的更困难。这是因为当我们计算虚粒子对原子或质子质量的影响时，我们实际上计算的是包含了虚粒子的原子或质子的总能量和虚粒子在没有原子或质子存在的情况下，即在真空中贡献的总能量，然后将这两个数字相减，以研究虚粒子对原子或质子的净影响。我们这样做的原因是当试图求解对应的方程时，这两种能量中的每一种在形式上都是无穷大的。但当我们将这两个量相减时，最终可以得到一个有限的差值，更重要的是，这个结果和测量值精确吻合！

然而，当我们想要计算虚粒子对真空的单独影响时，却没有可以相减的值，所以得到的答案是无穷大。

但对物理学家而言，无穷大并不是一个令人满意的结果，因此我们需要尽可能地避免它的出现。显然，就这个问题而言，真空或者其他任何事物的能量从物理上来说不应该是无穷大的，所以我们必须找到一种计算方法，算出一个有限的值。

产生无穷大的原因很容易解释。当我们考虑可能出现的所有虚粒子时，海森堡不确定性原理指出测量系统能量的不确定度与观测时间的长度成反比，这就意味着空间中可以有携带更多能量的粒子自发地从无到有地出现，只要它们在短时间内消失即可。因此，原则上只要它们在近乎无限短的时间内消失，这些粒子就可以携带近乎无穷大的能量。

然而，我们所能理解的物理定律只适用于距离和时间大于某一特定值的情况。在特定值以下的尺度，要理解引力及其与时空的关联效应则必须要考虑量子力学的影响。在拥有"量子引力"理论之前，对特定值以下尺度的推断都不可信。

如果与量子引力相关的新理论将能够以某种方式消除存在时间比所谓的"普朗克时间"更短的虚粒子的影响，那么我们再考虑虚粒子的能量累积效应时，就可以只考虑那些能量小于等于这个阈值的虚粒子，从而估算由虚粒子贡献给真空的能量，且这个能量值是有限的。

但问题接踵而至。这个估算值竟然是宇宙中所有已知物质，包括暗物质所携带的能量的大约 1 000 000 000 000 000 000 000 000 000 000 000 000 000 000 000 000 000 000 000 000 000 000 000 000 000 000 000 000 000 000 000 000 000 000 000 000 倍！

如果说考虑了虚粒子之后进行的对原子能级间隔的计算是物理学中最完美的一个，那么这个对于真空能量的估算无疑是最糟糕的一个！因为它高出宇宙中所有其他物质的能量总和 120 个量级。如果真空能量以及它所对应的宇宙常数真有这么大的话，那么其中包含的斥力将大到能将今天的地球炸毁。更可怕的是，即便在宇宙早期这个斥力也大到能让如今宇宙中所有的东西都在大爆炸后半秒内分崩离析。也就是说宇宙中将没有任何结构，没有恒星和行星，当然也不会有人类。

这个问题，被科学家们恰如其分地称为"宇宙常数问题"。它在我读研究生之前就一直存在。大约 1967 年，俄罗斯宇宙学家雅科夫·泽尔多维奇（Yakov Zel'dovich）首次明确提出了这个问题，但直到现在也没有解决。也许，它是当今物理学中有待解决的一个最重要的基本问题。

尽管这个问题已经悬置了 40 多年，理论物理学家却知道答案应该是什么。就像四年级的学生会猜测真空能量必然为零，物理学家也觉得，当终极理论最终出现时，它必然会解释如何消除虚粒子所带来的影响，以及如何让真空能量恰好为零，或者说，解释真空是怎么空的。

我们自诩有着比四年级学生更好的推理能力，因此我们显然知道要将真空能量的大小从简单估计所得的庞大的数值减小到符合观测结果允许的上限。这就需要以某种方式从一个非常大的正数中减去另一个非常大的正数，使其相互抵消到小数点后 120 位，然后在小数点后第 121 位留下非零值！但是，如何才能将两个极大的数抵消得如此精确，并留下微乎其微的结果，这在科学上还没有先例。

不过零是很容易产生的数字。自然界的对称性经常允许我们证明，一次计算中的两个项数值相等符号相反，正好完全抵消，什么都没剩下，或者说只剩下空无。

因此，理论家们又可以高枕无忧了。虽然我们还不知道如何求解，但正确答案已经放在那里了。

然而，大自然有不同的想法。

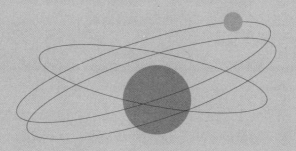

A UNIVERSE FROM NOTHING

05

失控的宇宙

思考生命的起源毫无意义，倒不如思考一下物质的起源。

——查尔斯·达尔文

　　特纳和我在 1995 年提出的观点是极其偏离主流思想的。仅仅基于理论推断，我们便预言宇宙是平直的。需要再次强调，这里"平直"的三维宇宙并不是形似煎饼的二维平面，而是人们能够直观想象的三维空间，其中的光线沿直线传播。与之相对的是人们更难想象的弯曲的三维空间，其中的光线不再是沿直线传播，而是沿着空间的曲率传播。我们进而推断，要想让当时所有有效的宇宙学数据都符合平直宇宙，只有一种可能，那就是宇宙中大约 30% 的能量存在于某种形式的"暗物质"中，也就是观测结果证实的存在于星系和星系团中的暗物质。更为离奇的是，剩下的 70% 的能量不存在于任何形式的物质中，而是存在于真空本身。

　　无论从哪个角度来看，我们的想法都是疯狂的。为了使宇宙常数和我们的推断相一致，第 4 章所述的那个估计值必须以某种方式减小 120 个数量级，且不能减小到零。这将涉及对自然界中已知的所有物理量进行最严格的调整，但我们完全不知道具体该怎么做。

　　正因如此，我在各个大学做关于平直宇宙困境的演讲时，除了被报以微笑，得不到任何其他的回应。也许没多少人曾经严肃地对待过我们的提议，甚至包括特纳和我。我们想通过这篇文章生动地呈现一个事实，一个在我们和世界各地的几位理论家同事眼中越发清晰的事实：当时"标准"的宇宙学模型肯定在哪里出了问题。这个当时"标准"的模型指出符合广义相对论的平直宇宙中，几乎所有的能量都应该存在于那些奇异的暗物质当中，还有一些零星的能量散布在人类、恒星、可见的星系这些重子物质中。

一位同事最近告诉我，在特纳和我的文章发表后的两年里，这篇文章被引用的次数屈指可数，而且这些引用了我们观点的论文中，除了个别的一两篇，其他都是特纳或我写的！看来，虽然宇宙常常令人费解，但科学界的大部分人并不认为它会像特纳和我所描述的那么疯狂。

摆脱平直宇宙困境最简单的思路是承认宇宙并不是平直的，而是开放的。然而，这种思路也有问题，只是这些问题在当时还未显现。因为在开放宇宙中，如果我们反向追踪现在平行的光线，它们会在远处发散开，但宇宙微波背景辐射的测量结果已经明确否定了这一点。

任何高中选修物理的学生都知道引力是物质间相互吸引的力，这种力普遍存在。科学的发展使我们认识到拓宽思路的必要性，因为大自然比我们更富有想象力。假设引力能使宇宙的膨胀一直减慢，那我们就可以进一步假设，某个与我们有一定距离的星系的退行速度，自大爆炸以来一直是恒定的，以此求得宇宙年龄的上限。这是因为，如果宇宙的膨胀一直在减速，那么星系过去的退行速度比现在更快，如果它一直保持当时的速度，那么到达今天的位置所需要的时间会更短。以物质主导的开放宇宙会比平直宇宙减速得更慢，因此用同一天测得的膨胀速率来推断，开放宇宙的年龄将会大于同为物质主导的平直宇宙的年龄。而且，它将更接近于假设宇宙膨胀速率不随时间改变时所推测出的宇宙年龄。

　　之前，我们曾经讨论过，一个能量不为零的真空将产生一个宇宙常数，或者说斥力。这意味着宇宙的膨胀将随着时间的流逝而加速，因此星系的互相分离在以前会比今天更加缓慢，它们到达今天的位置所需的时间也会比宇宙膨胀速率恒定的情况下更长。的确，对应于如今已经确定的哈勃常数，宇宙可能的最长寿命约为 200 亿年。这是在考虑了宇宙常数以及可见物质和暗物质的总量的情况下得到的，前提是我们可以根据今天宇宙中的物质密度调整宇宙常数的取值。

　　1996 年，我与布赖恩·查博耶 (Brian Chaboyer) 以及耶鲁大学的合作者皮埃尔·德马尔凯（Pierre Demarque），还有凯斯西储大学（Case Western Reserve）的博士后彼得·克南（Peter Kernan）合作，确定了银河系中最古老的恒星的年龄下限。这个年龄下限大约为 120 亿年。我们在高速计算机上模拟了数以百万计的不同恒星的演化，并将它们的颜色和亮度与银河系中的球状星团中实际观测到的恒星进行比较，因为长期以来球状星团被认为是最古老的天体之一。假设银河系的形成需要大约 10 亿年，这个下限不仅有效地排除了物质主导的平直宇宙的可能性，还更倾向于一个带有宇宙常数的宇宙。这也是之前我与特纳得出文章中结论的原因之一，而开放宇宙则徘徊在可能与不可能之间。

　　上述对最古老恒星年龄下限的估计是基于当时观测所能达到的最高精度。1997 年，新的观测数据使我们对这个年龄的估计值减少了大约 20 亿年，这也就意味着宇宙更年轻了。这下情况变得更加不明朗了，因为现有的三种宇宙学观点再次全部有了正确的可能。我们不得不从头再来。

　　但在 1998 年，这一切突然发生了转折。巧合的是，同一年，BOOMERANG 实验证明了宇宙是平直的。

在哈勃测量宇宙膨胀速率之后的 70 年间，天文学家们的不懈努力使得哈勃常数的数值一直在下降。在 20 世纪 90 年代，他们终于发现了一种"标准烛光"，也就是一类天体，这类天体自身的亮度是可以独立确定的，所以只要观测者测量它们的视星等，就可以利用视星等和天体自身的亮度推断出天体与地球之间的距离。标准烛光看上去很可靠，而且易于观测。

宇宙中有一种特殊的爆发中的恒星，它们被称为 1a 型超新星。近期的研究表明，它们的亮度和发光的持续时间之间存在特定的关系。在测量一颗给定的 1a 型超新星的发光时间时，还需考虑宇宙膨胀引起的时间膨胀效应。时间膨胀效应的存在意味着测量所得的这类超新星的寿命比它在自身的静止参考系中的实际寿命要长。尽管如此，我们还是可以推断出它的绝对亮度，利用望远镜测量其视亮度，并最终确定发生超新星爆炸的宿主星系与我们的距离。同时，测量该星系的红移则可以进一步帮助我们确定星系的退行速度。将两者结合起来，随着测量精度的提高，我们就可以准确测量宇宙的膨胀速度。

因为超新星特别明亮，它们不仅是测量哈勃常数的好工具，还可以让观测者们通过它们看向宇宙深处，观察整个宇宙历史的相当一部分。

对超新星的观测带来了一个新鲜刺激的可能性。观测者们认为这是一个令人雀跃的研究目标：通过它们来测量哈勃常数在宇宙演化期间的变化。

测量一个常数如何变化，这听起来好像自相矛盾。这是因为和宇宙的时间尺度相比，人类个体生存的时间太短暂了。在人类的时间尺度上，宇宙的膨胀速率确实是恒定的。然而，正如我之前描述的那样，受引力的影响，宇宙的膨胀速率会随着时间的推移而发生变化。

天文学家认为，如果可以测量可见宇宙边缘的超新星的移动速度和与我们的距离，那么他们就可以测量宇宙膨胀变慢的速率。因为每个人都认为宇宙运行的方式是有章可循的，并且宇宙中占主导的是引力。同时，他们希望这次测量能够揭示宇宙到底是开放的、封闭的还是平直的，因为对于三种几何形态，宇宙膨胀速率都在变慢，但其随时间的变化是不同的。

1996 年，我对劳伦斯·伯克利实验室进行了为期 6 周的访问。我在那里讲授宇宙学，并与那里的科学家们讨论各种科学问题。期间我做了一个报告，提到了真空可能有能量这一观点。之后，正在研究遥远超新星探测的一位年轻物理学家索尔·珀尔马特（Saul Perlmutter）对我说："我们会证明你们错了！"

珀尔马特反对的是宇宙是平直的这一观点。因为在这样的宇宙中，70% 的能量应该包含在真空中。真空能量将产生宇宙常数，带来一种斥力，这种斥力会存在于所有的空间，并将主导宇宙的膨胀，在这种情况下，宇宙将加速膨胀，而不是减速。

如果宇宙的膨胀正在随着时间加速，而不是减速，那么宇宙的年龄将会更大。这意味着对于红移的星系来说，它们存在的时间就更久远。如果它们在很长的时间内一直在远离我们，就意味着它们的光是从更远的地方发出的。那么，和光从更近的地方发出的情况相比，在一些已经测量出红移量的星系中，超新星将会看起来更暗。用图 5-1 示意，如果我们测量相对较近的星系的退行速度与距离的关系，相应曲线的斜率将使我们能够确定今天宇宙的膨胀速率，而测量距离我们很远的超新星所得到曲线的向上或向下的弯曲情况则会告诉我们宇宙的膨胀速率是否正在随时间加速或减速。

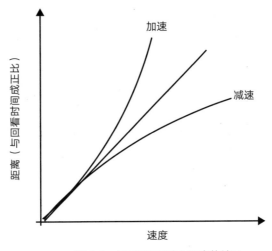

图 5-1　星系退行速度与距离的关系

　　两年之后，作为"超新星宇宙计划"国际组织的成员，珀尔马特及其合作者根据他们得到的初步数据发表了一篇文章，文中的确指出我们错了。当然，他们并没有指名道姓地说特纳和我是错的，因为他们和其他大多数观测者一样并不重视我们的观点。他们的数据表明，距离－红移的曲线向下弯曲，因此即使真空能量取最大值也无法在宇宙总能量中占如此之大的比例。

　　然而，人们得到的第一批数据通常不具有代表性。之所以会这样，要么是因为不够幸运，要么是因为预料之外的系统偏差影响了数据。对于后者，通常只有样本量足够多以后，才有可能发现其中的问题。"超新星宇宙计划"公布的数据就是这样，因此当时的结论并不正确。

　　另一个国际超新星搜索项目，也称高红移超新星搜寻小组，由澳大利亚斯特龙洛天文台的布赖恩·施密特（Brian Schmidt）领导。该小组的项目目标与"超新星宇宙计划"相同，但他们得到了不同的结果。布赖恩最近告诉我，当他们取得第一组有着重大意义的高红移超新星测量数据，并且这组数据表明宇宙在加速膨胀且具有大量的真空能量时，他们不仅在申请望远镜使用时间时遭到了拒绝，还被一家期刊断言他们的结果一定是错的，理由是"超新星宇宙计划"组织已经确定了宇宙是平直的，并且由物质主导。

这两个小组进行竞争的历史细节无疑会在未来被人们不断地提起，特别是在他们分享诺贝尔奖之后。我认为他们一定会得到诺贝尔奖，这是毫无悬念的。[①] 我们并不关注哪个小组最先得到了结果。简单地说，在 1998 年初，布赖恩的小组发表了一篇论文，表明宇宙是在加速膨胀的。大约 6 个月后，珀尔马特的小组宣布了类似的结果，并发表了一篇论文，确认了高红移超新星小组的结果，实际上也承认了他们早期的错误，并且提供了更多的证据，证明宇宙是由真空能量所主导的，也就是现在通常所说的暗能量。

这一结果颠覆了当时已经建立的整个宇宙图像，但科学界接受这些结果的速度却有些出乎意料。这给科学社会学提供了一个有趣的研究案例。几乎一夜之间，全世界都普遍接受了这个结果。然而，正如卡尔·萨根（Carl Sagan）所强调的那样，"非凡的主张需要非凡的证据"。这显然算是一个非凡的主张。

1998 年 12 月，《科学》杂志把"加速的宇宙"这一发现评选为"年度科学突破"，并为它绘制了一张非常引人注目的封面图（见图 5-2），图中的爱因斯坦流露出惊讶的神情。不仅是爱因斯坦，连我都深感震惊。

---

① 在本书英文版付印的时候，我才得知珀尔马特和布赖恩以及高红移超新星搜寻小组中的亚当·赖斯（Adam Reiss）因为他们的发现获得了 2011 年的诺贝尔物理学奖。

图 5-2　1998 年 12 月《科学》杂志的封面图

　　我觉得震惊并不是因为这个结论不值得上封面。恰恰相反，如果这个结论是正确的，那它一定是我们这个时代最重要的天文学发现之一。但当时的数据仅仅是给出了强烈的提示，而它要求我们对宇宙的图景做出如此巨大的变革，我觉得应该更加慎重才行。在每个人都为宇宙常数振臂欢呼之前，我认为有必要再仔细分析这两个小组得到的观测结果，把有可能导致这一结论的其他所有原因都一一排除才行。正如我当时对记者说过的那样："我第一次不相信宇宙常数的时候，就是当观测者们声称发现它的时候。"

鉴于我在将近10年的时间里在以各种形式推广类似的理论，此时我的反应可能看起来很奇怪。作为一个理论家，我觉得这种猜测是没有问题的，特别是当它带来新的实验途径的时候。但是，我认为在检查真实数据时应该尽可能的保守，也许是因为在粒子物理领域，曾经有一段时间有太多新的令人兴奋的不确定声明最终被证伪，这样的经历使我在科研道路上成熟了很多。很多发现，包括自然界的第五种力，以及新的基本粒子，到所谓能表明宇宙整体在旋转的观测，都曾被人们认为是真的并引发热议，但这些论点最后都被证明是错误的。

当时对宇宙加速膨胀这一发现的最大顾虑在于，遥远的超新星看上去比原本预期的更加暗淡，可能并不是因为宇宙在加速膨胀，而只是因为它们本身的确更暗，或早期存在的一些星系或星系内的尘埃将它们部分遮掩了。

然而，在过去的10年中，事实证明，支持宇宙加速膨胀的证据已经势不可挡，加速膨胀的宇宙几乎毋庸置疑。人们观测了更多高红移的超新星。将这些数据和最初两个小组在一年时间内发表的超新星数据相结合，综合分析得出了图5-3。

为了能更好地看清距离–红移的曲线是向上还是向下弯曲，观测者在上半部分的图中从左下角到右上角绘制了一条虚线作为参照，穿过代表附近超新星的数据点。这条线的斜率代表宇宙现在的膨胀速率。然后，在图的下半部分，他们把相同的直线画成水平的，作为参照。如果宇宙膨胀正在减速，如1998年所预期的那样，在红移（Z）接近1处的遥远的超新星将低于该直线。但是你可以看到，大部分数据点都在直线之上。这是由以下两个原因之一造成的。

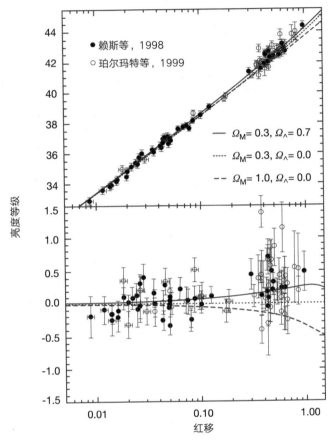

图 5-3 结合后的数据

1. 数据存在错误。

2. 宇宙的膨胀是加速的。

如果我们现在先选择第二个原因，并提问："为了产生观测到的加速度，我们要把多少能量放在真空中？"答案将是非常惊人的。对数据给出最佳拟合的实线对应于平直宇宙，其中物质的能量占 30%，真空能量占

70%。要使平直宇宙符合只有30%的质量存在于星系和星系周围这一事实，这样的结果正好是我们所需要的。两者明显一致。

然而，99%的宇宙是不可见的，剩下1%的可见物质嵌在暗物质的海洋中，又和暗物质一起被真空能量所包围。这是一个异乎寻常的断言，因此我们还应该认真考虑上面提到的两个原因中的第一个：数据存在错误。在随后的10年中，宇宙学的其他所有数据继续巩固了平直宇宙的图景，其中占主导地位的能量存在于真空中，而我们所能看到东西只占总能量的不到1%，我们看不到的物质主要由一些尚且未知的新型基本粒子组成。

关于恒星演化的数据得到了完善，因为新的卫星能为我们提供有关年老恒星的元素丰度信息。利用这些数据，我和同事查博耶在2005年已经能够清晰地证明，宇宙年龄的不确定性很小，已经可以排除宇宙年龄小于110亿年的可能性。这样的结果在任何一个真空本身不具有大量能量的宇宙都是不可能出现的。由于我们不确定这种能量是否是由宇宙常数造成的，所以现在用"暗能量"这个简单的名字表示它们，和占星系主要质量的"暗物质"的命名方式相似。

到2006年左右，人们对宇宙年龄估计值的精确度得到了极大的提升。得益于WMAP卫星对宇宙微波背景辐射的精确测量结果，观测者们能够更准确地测量自大爆炸以来宇宙经过的时间。宇宙的年龄已经可以精确到4位有效数字，是137.2亿岁！

我从来没有想过，在我的一生中，人类对宇宙年龄的估计可以达到这样的精确度。但是现在，既然我们得到了这样的数据，那就可以确认，对于当前膨胀速率的宇宙而言，它要有这么大的年龄，就一定有暗能量的存在，特别是和宇宙常数相符的暗能量的存在。换句话说，暗能量是一种随着时间的推移保持不变的能量。

在接下来的科学突破中，观测者们能够通过观测星系，准确测量物质随着时间的流逝是如何聚集到一起的。这也取决于宇宙的膨胀速率，因为把星系拉在一起的吸引力必须与宇宙膨胀所导致的物质分离对抗。真空能量越大，它将越快地成为主导宇宙的能量。增加的膨胀速率将使物质在大尺度上的引力塌缩终止。真空能量越大，这个终止的时刻也会越早到来。

因此，通过测量引力聚集，观测者们再次确认，只有平直宇宙与观测到的大尺度结构相符。平直宇宙具有约70%的暗能量，并且暗能量与宇宙常数所代表的能量类似。

独立于那些与宇宙膨胀过程有关的间接探测，超新星的观测者们针对可能会导致系统误差的可能性进行了广泛的排查，其中就包括在远距离处增多的尘埃使超新星看起来更加暗淡的可能性。最后，观测者们将这些可能性逐一排除。

他们最重要的探测之一便是追溯宇宙的过去。

在宇宙历史的早期，可观测区域的尺度比现在小得多，而物质的密度要大得多。然而，如果真空能量密度反映了宇宙常数或其他类似常数的话，真空能量密度将保持不变。因此，当宇宙比目前大小的一半还小时，物质的能量密度将超过真空的能量密度。在这一时刻之前，物质间的引力将会对膨胀起主导作用。因此，宇宙在当时是减速膨胀的。

经典力学中有一个特定的名词，用于指代一个系统加速度发生改变的点，特别是从减速变为加速，也就是"变速点"。2003年，我在大学组织了一次探讨宇宙学未来的会议，并且邀请了一位高红移超新星搜寻小组的成员亚当·赖斯。他告诉我他会在会议上报告一些令人兴奋的结果。他没有食言，第二天，对这次会议进行报道的《纽约时报》刊登了一张赖斯的照片，题为"发现宇宙变速点"。[1] 我保留了这张照片，时不时会把它翻出让自己乐一乐。

对宇宙膨胀过程的详细测绘表明，宇宙的膨胀的确经历了从减速到加速的转变。这也证明了那些早期的有关暗能量存在的观测结果是正确的。在我们掌握了所有这些证据后，很难想象关于宇宙膨胀的探索竟然又回到了最初的论断。无论喜欢与否，暗能量似乎确实存在，或者至少是要存在到它以某种方式改变之前。

暗能量的起源和本质毫无疑问是当今基础物理学中最大的谜团。对于它如何产生以及为什么具有如此重要的价值，人们还没有深刻的理解。因此，我们并不知道为什么它开始主导宇宙的膨胀了，并且仅仅开始于大约50亿年前。我们也不知道这是否只是一场意外。在我们情不自禁地猜测暗能量会不会以某种最基本的方式关联着宇宙的起源时，所有迹象都在表明，它将会决定宇宙的未来。

---

① 原文是 Cosmic Jerk Discovered，变速点 jerk 一词也有"傻瓜"的意思。——译者注

A
UNIVERSE
FROM NOTHING

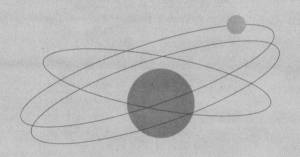

06

宇宙终点的免费午餐

　　宇宙很大，真的很大！你无法想象它是多么令人难以置信的大！我打个比方，你可能会认为去药店的路已是迢迢千里，但那对于宇宙来说只在咫尺之间。

——道格拉斯·亚当斯

　　两个谜题能猜对一个，在我看来已经是不错的结果了。宇宙学家猜测宇宙是平直的，事实证明我们猜对了。所以当我们发现真空竟然拥有能量，并且这些能量足以主宰宇宙的膨胀时，虽然震惊，但并不感到尴尬。真空能量的存在的确是令人难以置信的，但更令人难以置信的是，这样大的能量都没有使宇宙变得不适宜人类居住。因为如果真空能量真如之前预测的那样大，那么宇宙膨胀的速度将会使我们如今在宇宙中看到的一切都在很短的时间内被推出视界之外。早在其他恒星、太阳和我们的地球形成之前，整个宇宙就已经变得冰冷、黑暗、空荡荡。

　　在所有支持宇宙是平直的理由中，最容易理解的一个也许是"宇宙近乎平直是众所周知、一目了然的"。即使在发现暗物质之前，星系内和星系周围已知的可见物质数量也占到了构成平直宇宙所需物质总量的大约1%。

　　现在看来，1%可能很少，但别忘了宇宙非常古老，存在了远不止几十亿年。假设正如物理学家们当初认为的那样，物质或辐射产生的引力作用主导着宇宙的膨胀，那么如果宇宙不是精确平直的，随着宇宙的膨胀，它会一步步远离平直的状态。

如果宇宙是开放的，那么它膨胀的速度会比平直宇宙更快。和非开放宇宙相比，开放宇宙中的物质会被驱离得越来越远。因此，宇宙的净密度会减小，和构成平直宇宙所需的密度比起来，很快就成了无穷小。

如果宇宙是封闭的，那么宇宙的膨胀速率会减小得更快，最终它会重新塌缩。在此期间，宇宙的密度首先会以比平直宇宙慢的速率减小，然后随着宇宙的重新塌缩，密度又开始增大。随着时间的推移，宇宙的密度也会越来越偏离构成平直宇宙所需的密度。

自宇宙诞生 1 秒之后，它的尺度增加了近一万亿倍。如果那时宇宙的密度并不是很符合产生平直宇宙所需的密度，例如只有当时产生平直宇宙所需的 10%，那么如今宇宙的密度与构成平直宇宙所需密度之间的差异至少要达到 10 000 亿倍。这一差别远远大于实际情况，如今宇宙中可见物质的密度和构成平直宇宙所需要的密度之间只相差 100 倍。

即使是在 20 世纪 70 年代，这个问题也是众所周知的。天文学家称它为平直性问题。判断宇宙的几何形态就像是让一支铅笔的笔尖朝下，垂直地立在桌子上并保持平衡，稍微有一点不平衡都会使它迅速倒下。对于平直宇宙也是如此。如果宇宙曾产生过任何一丝偏离平直状态的倾向，这种倾向都会迅速放大。因此，如果宇宙并不是完全平直的，那么今天它又怎么能如此接近平直呢？

答案很简单：今天的宇宙一定就是平直的！

这个答案其实也不简单，因为它引出了第二个问题，也就是初始条件是如何促成了一个平直宇宙。

　　这个更难回答的问题有两个答案。第一个可以追溯到 1981 年，当时来自斯坦福大学的一位年轻粒子物理学家和博士后研究员艾伦·古思（Alan Guth）正在考虑平直性问题，以及与标准的宇宙大爆炸图像相关的两个其他问题：所谓的视界问题和单极问题。其中，我们只需要关心视界问题，因为单极问题只会使平直性问题和视界问题的解答更加困难。

　　视界问题与宇宙微波背景辐射极其均匀这一事实有关。我之前描述过，小的温度偏差说明当宇宙只有几十万岁时，宇宙中物质和辐射的密度分布差异小于万分之一，而背景密度和温度的分布则更加均匀。因此当我还在专注于这些小偏差时，一个更深层次的问题更亟待解决，宇宙如何能在最初就达到如此的均匀？

　　早期的宇宙微波背景辐射图像中十万分之几的温度变化是用不同的颜色来表示的。如果采用不同的表示方法，在线性尺度上表示微波天空的温度，平均背景温度约 2.72 开尔文，温度每变化 ±0.03 开尔文时改变一次颜色，或者说不同的颜色代表相对于平均值 1% 的变化，用色调深浅表示温度变化后，温度图将如图 6-1 所示。

图 6-1　在线性尺度上表示微波天空的温度

　　将这幅没有包含任何可识别的结构信息的图像与类似的地球表面投影图（见图 6-2）相比较，地球表面投影图具有稍高一点的灵敏度，颜色变化代表了相对于平均值 1/500 左右的变化。

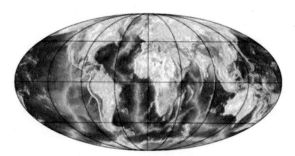

图 6-2　地球表面投影图

可见，在大尺度上，宇宙的均质性是令人难以置信的！

也许你会问，这怎么可能？那就让我们来做一个简单的假设，假设早期宇宙是高温、致密，并且处于热平衡状态的。这意味着任何局部的热点都会冷却而局部的冷点会被加热，直到早期宇宙整体都到达相同的温度。

然而，当宇宙只有几十万岁的时候，光线最多也只旅行了几十万光年，这在总的可观测宇宙中只占了一小部分，而这一距离，在已观测到的完整宇宙微波背景辐射图像上，所对应的角度只有大约 1 度。由于爱因斯坦告诉我们，没有任何信息可以传播得比光更快，因此在标准的大爆炸图像中，今天可观测宇宙中的任意一点在当时都不可能受到与其夹角超过 1 度的任何东西的温度影响。正因为如此，这些尺度上的气体就不可能及时达到热平衡，也无法使整个宇宙的温度分布最终达到如此均匀！

为了理解并解决这个问题，作为粒子物理学家，古思当时考虑了早期宇宙中可能发生的与这个问题有关的各种物理过程。期间，他想出了一个绝妙的主意。如果随着宇宙的冷却，它发生了某种相变，就像水冻结成冰块，或者铁棒在冷却时产生磁化，那么不仅视界问题可以得到解决，而且平直性问题也可以一并解决，甚至单极问题也会有答案。

如果你喜欢喝特别冰的啤酒，那么你可能会遇到这样的情况：当你从冷藏室里拎出一瓶冰啤酒并立刻把它打开时，瓶里的压力一下子释放出来，有时啤酒会突然冻结起来，甚至有可能把瓶子冻裂。这是因为在高压下，啤酒的首选最低能量状态是液态，而一旦压力被释放，啤酒的首选最低能量状态就变成了固态。在相变的过程中，能量会得以释放，因为一种物相中的最低能量状态可以具有比另一物相中最低能量状态更低的能量。这种在相变过程中释放出来的能量称为"潜热"。

古思意识到，当宇宙本身随着大爆炸膨胀并冷却，在不断膨胀的宇宙中，物质和辐射的构型可能会在某种亚稳态下"卡住"一段时间，直到宇宙进一步冷却，然后这个构型会突然经历相变，转变为能量角度上最佳的物质和辐射的基态。在相变过程完成之前存储在宇宙伪真空中的能量，或者说宇宙的"潜热"，会在相变发生之前的时间里对宇宙的膨胀产生巨大的影响。

伪真空中的能量所表现的行为就像宇宙常数所代表的那样，因为它所起到的作用就像弥漫于真空中的能量一样。这将导致当时宇宙的膨胀速率变得越来越快。最终，我们的可观测宇宙将以超越光速的速度膨胀。这是符合广义相对论的，即使它似乎违反了爱因斯坦在狭义相对论中所声明的任何物体都不能移动得比光速更快这一说法。这个时候你必须像一名律师一样，把爱因斯坦所说的话一个字一个字地掰开来解释。狭义相对论中所说的是没有东西能够以比光速更快的速度穿越空间。但是，空间本身却可以为所欲为，至少在广义相对论中就是如此。随着空间的膨胀，它可以携带着相隔遥远的物体以超光速彼此分离，而这些物体在它们所处的空间中却是静止的。

结果就是，宇宙在这个暴胀时期可能膨胀了超过 10^{28} 倍。这个量级令人难以置信，而整个过程却仅仅在宇宙极早期不到一秒的时间之内就已经完成。在发生暴胀之前，整个可观测宇宙中的所有东西都曾经挤在一个非常小的区域里，如果没有发生暴胀，同一时刻的这个区域会大得多。更重要的是，正因为这个区域如此之小，整个区域才能有足够的时间达到热平衡，最终使整个区域的温度完全相同。

暴胀使得一个相对普通的预测成为可能。当一个气球越来越大时，气球表面的曲率将会越来越小。在由恒定和巨大的伪真空能量驱动下产生的暴胀期间，正以指数方式膨胀的宇宙也是如此。到暴胀结束时，视界问题得以解决，宇宙的曲率如果是从非零开始，那它将减小到一个极小的值，所以即使在今天，精确测量下的宇宙也基本上是平直的。

基于目前那些研究粒子及其相互作用的基础、可靠的微观理论，暴胀是目前唯一能对宇宙的均匀性和平直性给出合理解释的理论。此外，暴胀使得另一个也许是更为重要的预测成为可能。正如我曾经描述过那样，量子力学的定律表明，在非常小的尺度上，极短的时间内，真空内有时看上去会充满如沸水中翻腾的气泡似的虚粒子和大幅度涨落的场。尽管这些"量子涨落"对于确定质子和原子的性质可能是重要的，但通常它们在较大尺度上是不可见的。这也是量子涨落对我们来说显得太过陌生的原因之一。

在暴胀期间，这些量子涨落决定了这些小空间区域的指数膨胀时期的结束时间。由于不同的区域在停止暴胀的时间上存在微观尺度上的区别，因此当这些区域的伪真空能量以热能的形式被释放出来时，物质和辐射的密度在各个区域上会略有不同。

值得强调的是，暴胀之后产生的密度变化模式是由真空里的量子涨落造成的，这与在宇宙微波背景辐射上观测到的大尺度上的冷点和热点的模式是精确一致的。当然，一致性本身并不是证据。尽管如此，宇宙学家还是更倾向于认为，如果它走起路来像鸭子，看起来像鸭子，还会嘎嘎叫，它很可能就是一只鸭子。如果暴胀确实造成了物质和辐射在密度上的小涨落，而这些涨落后来会导致物质因引力发生塌缩并形成星系、恒星、行星以及人类，那么就真的可以说，今天，所有事物的存在就是因为那些存在于真空中的量子涨落。

这一点有着极其重要的意义，虽然量子涨落原本是不可见的，但是因为暴胀，量子涨落被冻结，然后以密度涨落的形式浮现出来，并产生了宇宙中可见的一切。正如我前面提到过的，如果我们都是星尘，那么也可以认为，在暴胀的确发生过的情况下，我们其实都是从量子涨落中无中生有的。

这样说可能很不直观，甚至近乎魔幻。但是关于暴胀，有一个问题仍然存在。那就是，产生暴胀的能量最初源于哪里？一个微观上的小空间如何能够演化为现在这样浩瀚的宇宙，并保证其中包含有足够的物质和辐射，能够产生现在我们所能看见的一切？

通常，我们会问：在一个具有宇宙常数或者伪真空能量的膨胀的宇宙中，能量密度是怎样保持恒定不变的？毕竟，在这样的宇宙中，空间呈指数级增长，如果能量密度保持不变，那么任何区域内的总能量将随着该区域的体积增长而增长。难道能量守恒不再成立了吗？

这是被古思称为终极"免费午餐"的一个例子。而这顿免费的午餐中就包括了引力既可以使物体具有"正"能量又可以使物体具有"负"能量的特性。引力的这一特性使拥有正能量的东西，如物质和辐射，可以被有负能量的对应物补充。这些对应物所拥有能量大小正好能够平衡具有正能量的东西所包含的能量。就这样，引力可以从一个空的宇宙开始，最后造就出一个充满物质的宇宙。

这听起来可能有些古怪，但这是让包括我在内的许多人对平直宇宙如此着迷的核心部分。这也是你所熟悉的事物，因为你可能在高中物理中就已经学过相关理论了。

如果向空中扔一个球，它通常会落下来。如果你在室外更用力地扔它，它将飞得更高，在空中保持更长的时间后再落下来。如果你扔得足够用力，它就根本不会再降落回来，因为它将逃离地球的引力场，并保持前进然后飞入宇宙当中。

那么，如何才能知道球何时会逃离地球的引力场呢？可以简单地计算一下由这个球构成的系统的能量。在地球的引力场中，一个移动的物体会具有两种能量。一种表征运动的能量，称为动能，它来源于希腊语中"运动"一词。这种能量的大小取决于物体的速度，而且它总是正的。能量的另一个组成部分，称为势能，它与物体做功的潜力有关，通常它是负的。

之所以会是这样，是因为我们将与其他所有物体距离都无限远的静止物体的总引力能定义为零。由于静止物体的动能明显为零，而我们将它的势能定义为零，因此总引力能为零。

那么，如果这个物体并不是距离所有其他物体无穷远，而是靠近某一个物体，如地球，那么这个物体会因为引力的作用而开始向它坠落。随着物体的下降，它的速度会加快，如果在掉落的途中砸到什么东西，比如某人的脑袋，那么它就可以做功，把脑袋砸破。物体被释放并开始掉落的地方越接近地球表面，在击中地球的时候所做的功就越少。因此，当物体越来越接近地球时，势能会降低。但如果势能在距离地球无穷远的地方为零，那么在越来越靠近地球的地方势能会成为一个越来越小的负数，因为它做功的潜力随着距离减少而越来越小。

在经典力学中，势能的定义是任意的，可以将物体在地球表面处的势能设置为零，那么当物体在无限远的距离的时候，它的势能将是一个非常巨大的数字。将无限远处的总能量设置为零有一定的物理意义，但在我们当下的讨论中只需将其视为惯例。

无论将何处设为势能的零点，对于只受到引力作用的物体来说，最奇妙的事情就在于它们的势能和动能的总和始终保持不变。当物体掉落时，势能转化为动能，而当它们从地面反弹时，动能又转化为势能，循环往复。

这就为我们提供了一个绝佳的计算工具，利用它，我们就可以确定为了使扔向空中的东西脱离地球的束缚，它的速度需要达到多大。这是因为如果它最终要到达距离地球无穷远的地方，它的总能量必须大于或等于零。为此，只需要确保它在离开我的手时，总的引力能大于或等于零就可以了。由于我只能控制其总能量的一个方面，即它离开我手的速度，因此我所要做的就是找到那个速度，使具有这个速度的球的正的动能等于它因受到地球表面的引力而具有的负的势能①。球的动能和势能都以完全一样的方式依赖于球的质量，因此当这两个量相等时，质量的影响将被消除。人们发现，对于地球表面的所有物体来说，当物体的总引力能精确为零时，存在一个同样的"逃逸速度"，约为 11.2 千米 / 秒。

---

① 正的动能与负的势能的绝对值相等。——编者注

你可能会问，这一切与宇宙，或者暴胀有什么关系？我刚刚所描述的"逃逸速度"的计算方法也适用于不断膨胀的宇宙中的每一个物体。

设想宇宙中以我们在银河系中的位置为中心的一个球形区域，这个区域足够大，可以包含许多星系，但是也足够小，在我们今天可以观察到的最大范围之内，如图 6-3 所示。

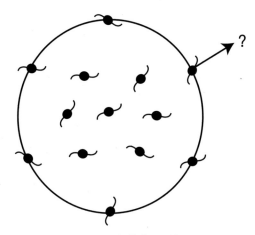

图 6-3　设想的球形区域

如果这个区域足够大但又没有突破某种极限，那么由于哈勃膨胀，这一区域边缘的星系将会一致地远离我们，但其速度将远远小于光速。在这种情况下，牛顿定律适用，我们可以忽略狭义相对论和广义相对论的影响。换句话说，每个物体所受的物理学限制和一个球试图从地球挣脱的情况是一样的。

试想一下图 6-3 中箭头标示的星系，它正在离开球形区域的中心。现在，就像地球上的那个球一样，我们可以提问这个星系是否能够摆脱球体内所有其他星系的引力。为求得答案所需要进行的计算与我们之前对那个球进行的计算完全相同。我们可以基于它向外运动产生的正的能量，以及它的宇宙邻居们对它的引力产生的负的能量，简单地计算出这个星系的总引力能。如果总引力能大于零，它将会逃脱到无穷远处，如果总引力能小于零，它会向内回落。

这样一来，我们可以将描述这个星系总引力能的简单的牛顿方程，改写成可以精确描述膨胀宇宙的爱因斯坦广义相对论方程。其中与星系总引力能相对应的项，在广义相对论中则成为描述宇宙曲率的项。

改写之后我们会发现，在一个平直宇宙中，并且只有在一个平直宇宙中，每个随着宇宙膨胀而移动的物体的总平均牛顿引力能精确为零！

这就使平直宇宙显得如此特别。在这样的宇宙中，运动产生的正的能量正好被引力所造成的负的能量抵消。

当我们允许真空有能量的时候，事情开始变得复杂，简单地使用扔向空中的球的牛顿式比喻就变得不恰当，但是结论仍然基本相同。在平直宇宙中，即使是只具有很小的宇宙常数的宇宙，只要尺度足够小，物体的运动速度远小于光速，宇宙中每个物体的牛顿引力能就为零。

有了真空能量之后，古思的"免费午餐"就变得更加戏剧化了。随着宇宙中的每个区域都膨胀到越来越大的尺寸，宇宙变得越来越接近平直，这就使得在暴胀过程中由真空能量产生的所有东西的总牛顿引力能都精确为零，包括物质和辐射。

但是你仍然可以继续追问：当宇宙呈指数增长时，使其能量密度保持不变的所有能量来自何处？在这里，广义相对论的另一个重要方面起了作用。在相对论中，不仅物体的引力能可以是负的，"压力"也可以是负的。

负压力甚至比负的能量更难想象。比如，一个气球里的气体，对气球壁施加压力。如果它使气球壁扩大，它就对气球做了功。它所做的功导致气体失去能量并冷却。然而事实证明，真空能量恰好是引力排斥的，这正是因为它造成了真空的"负"压力。由于这种负压力，宇宙膨胀的时候实际上在对真空做功。这样的功维持了空间恒定的能量密度，即使这时宇宙是膨胀的。

如果物质和辐射的量子特性能够使极早期的一个无限小的真空区域具有能量，那么该区域就能够增长到极大、极平直。当暴胀结束的时候，一个充满各类物质和辐射的宇宙产生了，其中的物质和辐射的总牛顿引力能将会无限接近于零。

经过了一个世纪的尝试，在尘埃落定之后，我们测量了宇宙的曲率，发现它是零。你现在应该可以理解为什么很多像我这样的理论家认为宇宙是平直的这一结论不仅非常令人满意，而且具有很强的启示性。

无中生有的宇宙，确有其事。

A UNIVERSE

FROM NOTHING

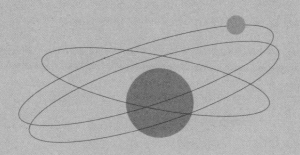

07

我们悲剧的未来

未来不会是过去的样子。

——尤吉·贝拉

发现自己身处一个主要由"空无"组成的宇宙中，从某种意义上说是非常有趣又令人兴奋的。宇宙中各种可见的结构，如恒星和星系，都是从空无中由量子涨落产生的，而宇宙中每个物体的平均总牛顿引力能都等于零。如果思考这些问题能给你带来快乐，那就在还能思考的时候尽情享受吧，因为如果这一切都是真的，对未来的生命而言，我们所生活的宇宙也许是所有可以生活的宇宙中最糟糕的一个。

一个世纪以前，爱因斯坦才刚刚建立广义相对论。那时，传统的学者们还坚信宇宙是静态和永恒的。哪怕是爱因斯坦本人也在嘲笑提出大爆炸的勒梅特，还为了让理论能够匹配静态宇宙而强行添加了宇宙常数。

而现在，就在广义相对论建立一个世纪以后，科学家们发现了宇宙的膨胀特性、宇宙微波背景辐射、暗物质和暗能量，并为此而沾沾自喜。

但未来又将发生什么呢？

说起来，这个问题可能还有那么一点儿诗意……

　　回忆一下，真空能量主导了宇宙的膨胀这一结论是从宇宙膨胀在加速这一观测结果中推断出来的。而且，正如第 6 章所描述的，随着暴胀的发生，可观测宇宙正处于要超越光速膨胀的临界处。随着时间的推移和膨胀的加速，事情只会变得更糟。

　　这意味着等待的时间越长，我们能看到的就越少。现在可见的星系在将来的某一天会以比光更快的速度远离我们而去，也就是说我们将再也看不见它们。它们发出的光将无法对抗宇宙的膨胀，无法再到达我们的星球。这些星系将从我们的视界中消失。

　　这些星系从视界中消失的方式与你想象的可能有所不同。星系不会在夜空中突然消失或在闪烁中逐渐隐去。未来，随着它们的退行速度接近光速，来自这些天体的光会红移得越来越多。来自它们的所有可见光都会红移到红外、微波、无线电波等波段，最终它们发出的光的波长超过可见宇宙的尺度，这时它们就真正变得不可见了。

　　这个过程大概需要多久是可以计算出来的。由于本星系团中的星系都是通过引力束缚在一起的，因此它们不会随着哈勃发现的宇宙膨胀而发生退行。刚好落在本星系团外的星系与我们之间的距离大约是退行速度为光速的天体与我们之间的距离的 1/5 000。再经过大约 1 500 亿年，也就是宇宙当前年龄大约 10 倍的时间之后，这些星系内的恒星所发出的光将红移5 000 倍左右。大约两万亿年之后，它们发出的光的波长将红移到接近可见宇宙的尺度，而宇宙的其余部分将消失不见。

　　两万亿年看上去可能很长，然而从宇宙的角度来看，它并不代表永远。那些长寿的"主序"恒星与太阳有相似的演化历史，但其寿命比太阳长得多。太阳在大约 50 亿年后就会灭亡，而它们仍将在未来两万亿年的时间里持续闪耀。因此在遥远的未来，这些恒星周围的行星上也许会有文明，有太阳能发电设备，有水和有机物质，也许还有能用望远镜探索宇宙的天文学家。但是，当他们看向宇宙时，基本上我们现在可以看到的一切，对他们来说都已经消失了，包括当下我们可见宇宙中的所有 4 000 亿个星系。

我曾尝试使用这一论点向美国国会申请宇宙学方向的基金资助，这主要是考虑到现在我们还有时间观测当下我们所能看到的一切！然而，对于国会议员而言，两年已经够长了，两万亿年是绝对不可想象的。

如果遥远未来的那些天文学家知道自己错过了什么，他们一定会大为震惊，但是他们已经没有机会了。因为到了那时，不仅宇宙的其余部分已经消失，现在能够证明我们生活在一个膨胀中的宇宙，并且这个宇宙始于大爆炸的所有证据，也几乎都已经消失了。真空中的暗能量导致了这些证据的消失，但暗能量存在的证据也一并消失了。这正是我和来自范德堡大学的同事罗伯特·谢勒（Robert Scherrer）在几年前所预见的未来。

在不到一个世纪之前，传统观念中的宇宙是静止且永恒的，恒星和行星在其中生生灭灭。但是在宇宙的最大尺度上，在遥远的未来，在我们的星球以及文明所遗留的任何痕迹都已经退行至历史的垃圾箱很久之后，1930 年之前人们所坚信的宇宙永恒这一观念将会以复仇者的姿态卷土重来。

大爆炸理论主要是由三个观测结果支撑起来的，它们分别是：哈勃对宇宙膨胀的观测结果；宇宙微波背景辐射的发现；宇宙中氢、氦和锂等轻元素丰度的观测值与理论值的一致性。正是由于这三个观测结果，即使爱因斯坦或者勒梅特从未出现在这个世界上，人们也迟早会认识到宇宙诞生于高温、致密的状态。

就哈勃对宇宙膨胀的观测而言，我们是如何知道宇宙在膨胀的？是通过分析遥远天体退行速度与其距离变化的函数得知的。然而，一旦本星系团（本星系团中的天体是受引力束缚的）之外的所有可见物体都从我们的视界中消失，那么就不会再有任何宇宙膨胀的迹象，因为没有恒星、星系、类星体，甚至没有大的气体云可供观测者追踪和观测。宇宙的膨胀将把所有物体从我们的视线中抹去，而实际上它们只是在离我们远去。

此外，在不到万亿年左右的时间跨度中，本星系团中的所有星系都将合并成一个大的总星系。到那时，那些遥远未来的观测者所看到的将与1915 年的观测者认为他们所看到的不会有太大差异：孤独的星系中居住着恒星和它们的行星，而这一切又被那巨大又空无的静态空间所包围。

请再次回忆，真空有能量这一发现的一切证据都来自我们对宇宙膨胀速率的观测。但是，如果宇宙中没有可用于探测宇宙膨胀的示踪天体，那么宇宙膨胀在不断加速这一点将无法观察。仿佛是在机缘巧合之下，我们恰好生活在这个放眼宇宙历史都或许是独一无二的阶段，仅仅在这个阶段我们才有可能探测到遍布真空中的暗能量。虽然这个阶段可能会持续几千亿年的时间，但对一个永恒膨胀的宇宙而言，它仅仅是一瞬间而已。

如果我们假设真空能量大致恒定，就像宇宙常数一样，那么在更早的时候，物质和辐射的能量密度将远远超过真空的能量密度。原因很简单，随着宇宙的膨胀，物质和辐射的密度会减小。这是因为随着粒子之间距离的增加，单位体积内的物质数量也会减少。在更早的时候，例如在 50 亿到 100 亿年前，物质和辐射的密度将远远大于今天。因此，这个时期和更早期的宇宙主要由物质和辐射以及它们之间的引力所主导。在这种情况下，宇宙的膨胀将会减缓，而来自真空能量的引力效应是不可观测的。

同理，在遥远的未来，当宇宙的年龄是几千亿年时，物质和辐射的密度将进一步下降，而人们计算出的暗能量的平均能量密度将远超宇宙中所有剩余物质和辐射的密度，超过一万亿倍以上。到那个时候，暗能量将完全主导宇宙大尺度的引力动力学。然而，那时宇宙的加速膨胀基本上是无法观测到的。从这个意义上说，真空能量的本质就确定了它仅在一个有限的时间段内是可观测的，而我们正好就生活在宇宙的这个瞬间。

那么大爆炸理论的另一个主要支柱，也就是提供了宇宙婴幼儿时期直观图像的宇宙微波背景辐射！随着未来宇宙更快速的膨胀，宇宙微波背景辐射的温度将会下降。当目前可观测宇宙的大小膨胀到现在的约 100 倍时，宇宙微波背景辐射的温度将会下降到原来的 1%，而它的强度，或者说其中的能量密度将降低为现在的一亿分之一，这也使探测到它比现在困难了一亿倍。

但是，毕竟我们现在就已经能够从地球上的各种电磁噪声之中发现宇宙微波背景辐射。可以预见，遥远未来的观测者将比今天的我们聪明一亿倍，所以我们或许还可以对未来抱有希望。但很可惜，眼前的事实已经告诉我们，即使是遥远未来的最聪明的观测者，使用最灵敏的仪器，在那时想要成功观测到宇宙微波背景辐射也几乎不可能。这是因为在银河系，或者由银河系在大约 50 亿年之后和仙女座合并形成的总星系中，恒星之间存在着高温气体。这些气体是电离的，因此它们包含着自由电子，表现出等离子体的特征。如前文所述，这种等离子体对许多类型的辐射是不透明的。

有一种被称为"等离子体频率"的参数。低于这个频率的时候，辐射无法穿过等离子体而不被吸收。基于银河系中目前观测到的自由电子密度，我们可以估计银河系中的等离子体频率。然后就会发现当宇宙达到今天年龄的大约 50 倍时，来自大爆炸的大部分宇宙微波背景辐射将会被拉伸到极长的波长，对应着极低的频率，低于那时总星系的等离子体频率。在那之后，无论观测者多么锲而不舍，辐射也无法进入总星系，因此将无法观测。宇宙微波背景辐射也就会消失在观测者的眼前。

所以遥远未来的人们将无法观测到宇宙的膨胀，也再没有大爆炸理论的余晖。但是，为大爆炸理论提供了直接证据的氢、氦、锂等轻元素的丰度在那时如何呢？

事实上，正如我在第 1 章所述，每当遇到一个不相信大爆炸理论的人，我都喜欢向他们展示我钱包里保存的一张卡片，如图 7-1 所示。然后我会说："看！大爆炸的确存在！"

图 7-1 看起来很复杂，它给出了根据我们目前对大爆炸的理解所预测的氦、氘、氦-3、锂与氢元素的相对丰度。图 7-1 中上半部分向右上方延伸的曲线显示了预测中氦的丰度。氦是宇宙中按照质量计算第二多的元素。接下来的两条曲线都是向右下延伸的，分别表示预测中氘和氦-3 的丰度，但它们不是按照质量与氢元素相比计算的，而是按照原子数与氢元素相比计算得到的。图 7-1 中最下面的曲线代表更轻的锂元素的预测丰度，也是按原子数之比计算得到的。

预测的相对丰度被绘制为随着当今宇宙中普通物质的假定总密度变化的函数。如果改变这个总密度后产生的所有预测值组合中没有一个与观测结果相符，那么这将会是一个有力的证据，表明这些元素并不是在高温的大爆炸中产生的。这些元素的预测丰度之间相差接近 10 个数量级。

　　与曲线相交的无阴影的矩形代表的是这些元素初始丰度的范围。这些范围是在观测星系内外年老恒星和高温气体时通过实际测量得到的。

　　图 7-1 中垂直的阴影带则表示所有预测值和观测结果一致的区域。这些元素的预测丰度相差了 10 个数量级，但观测结果与预测值却如此一致。对于大爆炸产生了所有这些轻元素这一假设，很难找出比这更有力的证据了。

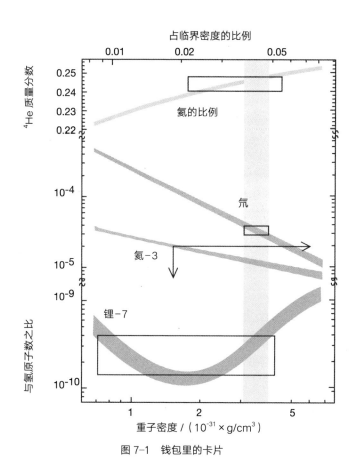

图 7-1　钱包里的卡片

　　这种一致性意义非凡：在大爆炸的最初几秒钟，质子和中子的最初丰度与今天可见星系中观测到的物质密度非常接近，并且残余辐射密度与当今宇宙微波背景辐射强度的观测值精确对应。只有在这样的情况下，核反应产生的轻元素氢、氘、氦、锂的丰度才会正好符合今天的数值。这些轻元素是构成夜晚满天繁星的基础。

　　正如爱因斯坦所说，上帝不会恶毒地去密谋创造一个宇宙，让一切证据都表明大爆炸是它的起源，却不让大爆炸真实发生。

　　在 20 世纪 60 年代，当人们首次证明宇宙中氦的丰度与预测值粗略一致时，大爆炸图景就凭这一关键数据赢得了胜利，胜过了当时非常流行的由弗雷德·霍伊（Fred Hoyle）和他的同事们所支持的稳态宇宙模型。

　　然而，在遥远的未来，情况可能会大不相同。例如，恒星会燃烧氢气，生产氦气。目前，宇宙中所有观测到的氦气中只有 15% 左右可能源自大爆炸之后产生的恒星。这又是一个令人信服的证据，证明我们所看到的一切必然源于大爆炸。但是在遥远的未来，情况并非如此，因为更多的恒星将会诞生和死亡。

　　例如当宇宙诞生一万亿年的时候，恒星中产生的氦气将会比大爆炸本身产生的氦气多得多。宇宙不同时期元素的比例可以用图 7-2 表示。

　　当宇宙中可见物质的 60% 由氦组成时，在大爆炸中并不需要产生原始氦气，就能够和观测结果一致。

　　在遥远未来的一些文明中，观测者和理论学家将能够使用这些数据来推断，宇宙必会有一个有限的年龄。因为恒星燃烧将氢气变为氦气，所以恒星可能存在的时间有一个上限，以免进一步减小氢气和氦气之比。因此，未来的科学家将会推测，他们所生活的宇宙存在了不到一万亿年。到那时，宇宙的初始发生了大爆炸的任何直接证据都将不复存在，但总星系自发产生的征兆却屡见不鲜。

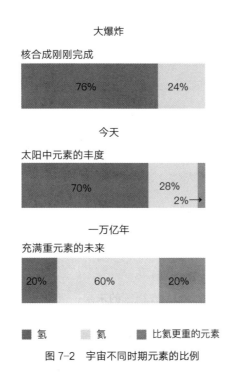

图 7-2　宇宙不同时期元素的比例

　　当初，勒梅特纯粹是基于对爱因斯坦的广义相对论的思考就得出了对大爆炸的推论。我们可以假设，未来的任何先进文明都会发现物理学、电磁学、量子力学和广义相对论。那么遥远未来的"勒梅特"能否得出类似的推论呢？

　　勒梅特的结论是，宇宙始于大爆炸是一个必然。但它所基于的假设在遥远未来的可观测宇宙中并不成立。一个各向同性和均匀的宇宙，其中的物质一致地向各个方向延伸，这样的宇宙不可能是静止的。其中的原因勒梅特和爱因斯坦最终都想到了。然而，对于一个位于静止空间中的有质量的系统，它的爱因斯坦方程存在一个完美的解。毕竟，如果这样的解不存在，那么广义相对论就不能描述孤立的物体，如中子星或黑洞。

像银河系这样的大质量分布系统是不稳定的，所以我们的（总）星系本身将会塌缩，形成一个巨大的黑洞。这是由爱因斯坦方程的一个静态解所描述的，被称为史瓦西解（Schwarzschild solution）。但是，银河系塌缩并形成一个巨大的黑洞的时标远远超过宇宙其余部分消失的时标。因此，未来的科学家会本能地想象他们的星系在真空中已经存在了万亿年，既没有明显的塌缩，也不需要有一个膨胀中的宇宙围绕在它身边。

当然，对未来进行猜测的难度众所周知。在写下这些文字的时候，我正在瑞士参加达沃斯世界经济论坛。在这个论坛中，经济学家们济济一堂，这些经济学家总是在预测未来市场的行为，并在预测结果被证明错得离谱时修改他们的预测。推而广之，我发现如果预测遥远的未来，甚至是不那么遥远的未来的科学与技术，其结果甚至会比"沉闷的科学"[1]的预测结果更为含糊。因此，每当我被问及不久的未来或下一个重大科学突破将是什么的时候，我总是回答，如果我知道的话，我现在就在研究它了！

我喜欢将本章中所展示过的宇宙图景看作和狄更斯《圣诞颂歌》中由第三个鬼魂所呈现的未来相类似的图像。这只是未来可能的样子。我们不知道弥漫在真空里的暗能量到底是什么，也不能肯定它会像爱因斯坦的宇宙常数那样恒定。如果它并不是恒定的，那宇宙的未来可能会与之前的预

---

[1] 经济学常被称为"沉闷的科学"。——编者注

测大不相同——膨胀可能并不会继续加速。反而可能会随着时间的推移再次减速，那样的话，遥远的星系就不会消失。也有一种可能，也许会有一些新的、目前还未知的观测量，可能会为未来的天文学家提供证据，表明大爆炸曾经发生过。

不论如何，根据如今我们对宇宙的了解，我所推断的未来应该是最合理的一个。逻辑、理性和经验数据是仍能保证未来的科学家正确地推断出宇宙的本质，还是将真相永远隐藏在视界之外？这个问题令人着迷。也许会有一些探索力和粒子基本性质的未来科学家能够推导出一个新的理论体系来证明大爆炸一定发生过，真空必须有能量，并进一步解释为什么在视界之内没有其他星系。但我觉得这种可能性微乎其微。

毕竟，物理学是一门由实验和观测推动的经验科学。要是暗能量没有得到观测结果的支持，我认为任何理论家都不会大胆地提出它的存在。虽然也可能会有一些暂时性的证据，例如观测到异常的元素丰度等，会表明一个没有发生过大爆炸的静止宇宙中只有单一星系的图景是错的，但我更觉得到那时奥卡姆剃刀（Occam's razor）原理会表明最简单的图景才是正确的，而且某些局部效应也许就能解释这些异常的观测结果。

我和罗伯特·谢勒提出了一个观点，请科学家们来挑战，我们的观点是未来的科学家将会使用可证伪的数据和模型，但是在这个过程中他们会总结出一个错误的宇宙图景。自从我们发起这个挑战后，许多同事都试图提出在遥远未来证明宇宙在膨胀的方法。我也可以猜到这些可能进行的实验。但是我认为未来的科学家没有充分的动机开展这些实验。

例如从银河系发射一些明亮的恒星，将它们送入太空，等待 10 亿年左右的时间直到它们爆炸，并尝试观测它们的退行速度与它们爆炸之前所产生的位移之间的函数，以便探测它们是否从一个可能在膨胀的空间中得到过任何额外的推动力。这个实验几乎只能存在于想象之中，但即使你有办法开展这个实验，在没有任何其他证据能支持宇宙在膨胀这一观点时，我觉得未来的美国国家科学基金会也不会为这个实验提供资金。如果银河系中的恒星由于某种原因被自然地弹出，并被人们发现它在向视界外移动时产生了异常的加速，我也不认为人们会大胆地假设一个奇怪的由暗能量主导的膨胀宇宙以解释这一现象。

生活在当下，我们可以认为自己很幸运。正如我和鲍勃在一篇文章中所说的："我们生活在一个非常特别的时刻……只有在当下，我们可以用观测结果证实，我们的确生活在一个非常特别的时刻！"

发起这个挑战可能有点不务正业，但是我们也清醒地意识到，未来的人们即便使用最好的观测工具和理论工具来研究宇宙，最后仍然可能会得到对大尺度宇宙完全错误的解释。

然而，我必须指出，虽然不完整的数据可能会导致对宇宙图景的错误描绘，但这与有些人为了虚构创世图景而选择忽视经验数据的行为完全不同。如果不选择性地忽视经验数据，这些人（例如一些年轻的地球学家）所建立的图景就会与实际的证据相矛盾。而另一些人则想要一些并没有观测证据支持的事物，如神的智慧，以此来调和他们的创世观点与他们的先天的偏见。更糟的是，一些人坚信关于大自然的童话故事，甚至在问题提出之前就给出猜想的答案。至少未来的科学家们将根据他们能得到的最佳证据来给出相应的推测，像我们，或者至少像科学家们都认同的那样，用新的证据改变我们对现实的理解。

在这方面值得补充的是，也许我们也缺少了一些可观测的东西。这些东西也许只有在 100 亿年前或者 1 000 亿年后才能看到。但不论如何，大爆炸的图景从各个方面都牢固扎根于数据，它的总体特征是不会错的。但是，随着新数据的出现，对于遥远的过去、遥远的未来、大爆炸的起源，及其在空间中的唯一性等问题在某些细节上的理解，可能会随之出现。这也正是我所希望的。我们可以从宇宙中的生命和智慧在未来都会终结一事中吸取的一个教训是，我们有必要在做出断言时保有一些谦卑，即使这对宇宙学家来说有点难。

我刚刚描述的情景虽然都是悲剧，但它们有一种诗意的对称性。在未来很长时间内，科学家将会得出的宇宙图景都会回归到 20 世纪初我们对宇宙的认识，而这一认识本身最终成了导致宇宙学在现代发生变革的催化剂。宇宙学将会完成一次循环重回原点。我个人认为这很了不起，即使在一些人看来它预示着我们在阳光下的短暂努力最终是徒劳无功的。

无论如何，未来宇宙学可能终结所说明的根本问题是我们只有一个可以预测的宇宙，也就是我们所生活的这一个。如果想要了解我们现在所观测到的现象是如何产生的，我们必须进行进一步的观测。然而，我们不仅受限于可以观测到的数据，还受限于对数据的解释。

如果存在许多个宇宙，又如果我们可以以某种方式探索不止一个宇宙，我们可能更有机会知道哪些观测结果是真正重要和根本的，而哪些只是出现在我们所在宇宙中的特例。

尽管探索多个宇宙的可能性不大，但存在多个宇宙倒有可能。科学家们正在推进新的实验和新的议题，以进一步探索宇宙的未知和它千奇百怪的特点。

不过，在开始下一章之前，可能值得用一张更文艺一些的图片（见图7-3）来对这一章中我所说的一切做个收尾。这个图片也与本书的主题密切相关。它来自克里斯托弗·希钦斯对我刚刚描述的场景的回应："那些已经认识到我们生活在一个包罗万象的宇宙中的人们，请稍等。空无正扑面而来！"①

---

① 原书下一页为空白页，意指空无的宇宙，为避免误解，特以下页的形式呈现。——编者注

图 7-3　空无

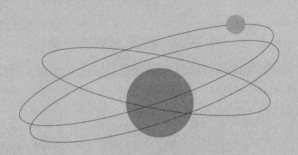

A
UNIVERSE
FROM NOTHING

08

一个大意外？

一旦你认为造物主和宿命确实存在，我们就成了一个残酷实验中的被试。在这个实验中我们生来邪恶，因而被命令需要变好。

——克里斯托弗·希钦斯

在内心深处，我们总会认为发生在身边的每一件事情都有着明确且重要的意义。比如，梦见身边的一位朋友将要伤到自己的胳膊，而第二天她真的扭伤了脚踝，就觉得自己是未卜先知！

物理学家理查德·费曼曾经很喜欢走到别人面前说："你一定不会相信今天发生了什么！一定不会相信！"当朋友们走上前询问他到底发生了什么事时，他却说："什么也没有发生。"他这么做其实是想表明，当人们梦见未来时，是人们自己赋予了这个梦实际的意义。但与此同时，他们早已忘记了其他那些更常出现的毫无现实意义的梦。当我们忽略大部分与现实并无关联的梦时，就会对那些不寻常的事件发生的概率产生错觉。然而事实是，在任何样本量足够大的事件中，不寻常的事情一定会偶然发生。

如何将这一点运用在对宇宙的研究中呢？

在第 4 章中我曾提到，人们发现真空能量不仅不为零，而且其数值比用粒子物理学方法得出的估算值小 120 个数量级。在此之前，物理学家总结出的经验是我们在大自然中测得的每一个基本参数都有其重要意义。我的意思是说，基于人类已发现的基本原理，我们才最终理解了很多问题，

例如为什么引力比自然界中的其他力弱得多，为什么质子比电子重 2 000
倍，为什么基本粒子有三类，等等。换句话说，一旦我们理解了在自然的
最小尺度上主宰力的基本法则，现在摆在我们眼前的那些未解之谜就都会
迎刃而解。

有一种纯粹的宗教观点把自然界中这些参数的意义发挥到了极致。在
这种观点之下，大自然中的每一个基本常数都是极其重要的，因为是上帝
决定了每个参数的特定数值，并将其作为神圣创世计划的一部分。一旦接
受了这种观点，也就承认了宇宙中没有任何事是意外发生的。同样，没有
什么是需要预测的，也没有什么是能够被解释的。但这种观点只能为信徒
提供心灵慰藉，对于探索主宰宇宙万物的物理法则起不到任何作用。

但是，真空有能量这一发现让许多物理学家开始重新思考在自然界中
什么才是必然的，什么可能是偶然的。

促成这一思想转变的催化剂就源于我在第 7 章中提出的论点："现在"
是宇宙历史上一个独一无二的时刻，在此刻，真空能量与物质的能量密度
是相当的，所以今天的暗能量是可以测量的。

为什么我们会生活在宇宙历史上这样一个"特殊"的时刻？这确实违
背了自哥白尼以来的一切科学的特征。从那时起，我们就知道地球并不是
太阳系的中心，太阳是银河系外缘的一颗孤独的恒星，而银河系只是可观
测宇宙中的四千亿个星系之一。我们已经接受了"哥白尼原则"，即我们
在宇宙中所处的空间位置与时刻并没有什么特别之处。

但由于真空能量的特性，我们看上去生活在一个特殊的时刻。下面关
于"时间的简短历史"的图（见图 8-1）对这一点给出了最好的说明。

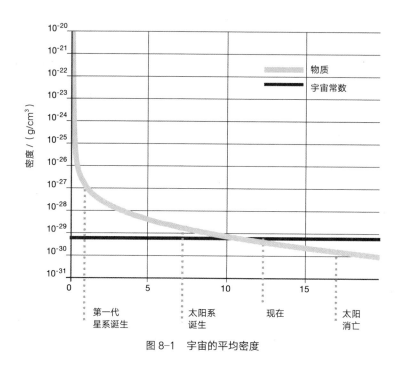

图 8-1　宇宙的平均密度

　　图 8-1 中的两条曲线分别表示宇宙中所有物质的能量密度和真空的能量密度（假设它是宇宙常数）对时间的函数。从图中可见，随着宇宙的膨胀，物质的能量密度会下降，因为星系之间的距离变得越来越大，物质会被"稀释"，这是符合常识的。而真空的能量密度保持不变，是因为真空没有任何东西可以被稀释！或者说，宇宙在膨胀的时候确确实实是在对真空做功。这两条曲线在接近"现在"的这个时刻相交，这正是我所描述的奇怪巧合的根源。

　　现在我们考虑一下，如果真空能量比我们今天测得的值大 50 倍，会发生什么。在这种情况下，两条曲线将很早就会相交，如图 8-2 所示。

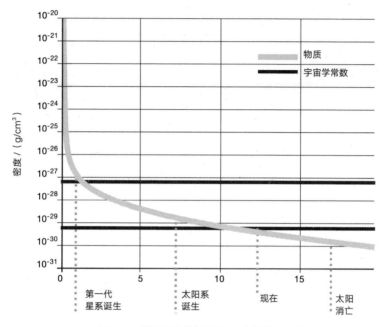

图 8-2 假设真空的能量是今天测得的 50 倍

对于取值较大的真空能量而言，两条曲线交叉的时间在大爆炸发生大约 10 亿年后，是星系最初形成的时间。但是我们已经知道，真空能量是引力排斥的。如果在星系形成之前这种能量就统治着宇宙，那么由这种能量所产生的斥力就会超过使物质聚集在一起的引力（传统意义上起吸引作用）。这样一来，星系就永远不会形成。

如果星系没有形成，恒星就不会形成。如果恒星不会形成，行星就不会形成。如果行星不会形成，那也就不会有什么天文学家了。

所以，在一个真空能量比我们的测量值只不过大 50 倍的宇宙中，显然不会有人在今天试图去测量这个能量的大小。

　　这能告诉我们什么呢？在发现宇宙加速膨胀后不久，物理学家史蒂文·温伯格（Steven Weinberg）提出，根据他 10 多年前，也就是在暗能量被发现之前提出的一个理论，也许我们今天所测得的宇宙常数的数值是以某种方式"人择地"（anthropic）选出来的，这样就可以解决"巧合问题"。也就是说，如果不知何故有许多个宇宙，而在每个宇宙中真空能量数值都是随机选择的，这种选择基于某种概率分布，那么只有在这个随机值和我们的测量值相差不大的那些宇宙中，我们所知的这类生命才能够演化。所以，我们处在一个具有微小的真空能量的宇宙中，也许只是因为在具有更大真空能量值的宇宙中，不会有我们的存在。换句话说，我们生活在一个我们可以生活的宇宙中，这很正常！

　　然而，这个论点只有在具有许多不同宇宙的情况下才有其数学意义。只不过"许多不同的宇宙"听起来就很别扭。毕竟，传统意义上"宇宙"已经成为"包含一切存在"的代名词。

　　最近，宇宙已经有了一个更简单、可能也更合理的定义。在传统意义上我们的宇宙包括我们现在可以看到的和未来可能看到的一切。推而广之，在物理上，我们的宇宙包括过去、现在和未来会对我们产生影响的一切。

　　如此定义宇宙之后，其他"宇宙"的存在就有了可能，至少在理论上是有可能的。其他的宇宙是指那些在过去、现在和未来都将永远与我们的宇宙没有任何因果联系的区域，就像海洋中的岛屿被海水分隔，相互独立，彼此之间没有任何联系。

　　我们的宇宙是如此巨大，因此几乎可以保证，任何事情只要不是完全不可能，那么在宇宙的某个地方就一定会发生，也就是说小概率事件一直在发生。你可能会想，这个原则是否同样适用于存在许多宇宙，即多重宇宙的可能性。事实证明，这不仅仅是一个可能与否的问题，在理论上它也有着重大的意义。当前粒子物理学中的大部分核心思想都需要多重宇宙的存在。

之所以在这里要强调这一点，是因为我在与那些信仰神创论的人们讨论时发现，他们认为多重宇宙是由一些物理学家构想出来的，这只是物理学家在找不到合理的解释时，避免正面回答问题的一种借口。或许未来的某一天他们的这一想法有可能正确，但至少现在并非如此。因为当我们将适用于小尺度上的物理学扩展到一个更加完备的理论中时，无论采用哪种逻辑推理，最终都表明在大尺度上，我们的宇宙并不是独一无二的。

暴胀为此提供了第一个，也可能是最好的一个理论解释。在暴胀的图景中，巨大的能量短时间内在宇宙的某个区域占主导地位。在这个阶段，这个区域开始呈指数级膨胀。直到某个时刻，这个"伪真空"内的一些小区域可能会因为发生相变而退出暴胀，而这些小区域中的场会弛豫到其原本的较低的能量值。同时，这些小区域也将不再呈指数级膨胀。但是，这些小区域之间的空间仍将保持指数级膨胀。那么在任何一个给定时刻，除非相变在所有空间都已经完成，否则几乎所有的空间都将位于暴胀的区域之内。而暴胀中的区域将把最初退出暴胀的那些区域迅速推开，使它们之间相隔近乎无限远。这就好比火山喷出的熔岩。一些熔岩会冷却并凝固成岩石，但这些岩石将随波逐流，在熔岩的海洋中漂漂荡荡，彼此逐渐远离。

实际的情况可能更富有戏剧性。1986 年，与古思同为现代暴胀理论奠基人的安德烈·林德（Andrei Linde）提出了一种更为普适的图景。在美国，另一位富有创造力的俄罗斯宇宙学家亚历克斯·维连金（Alex

Vilenkin）的观点也与他们不谋而合。林德和维连金都有着俄罗斯伟大的物理学家与生俱来的自信。虽然一直对宇宙学感兴趣，但维连金在美国读研究生时不小心申请错了学院，他毕业论文的方向也是凝聚态物理学（一种关于材料的物理学）。随后，他在凯斯西储大学（Case Western Reserve University）做博士后研究员。我后来成为这所学校的教授。在攻读博士后期间，维连金曾向他的导师菲利普·泰勒（Philip Taylor）提出，在指定的项目之外每周花几天时间来做些宇宙学的研究。菲利普后来告诉我，虽然维连金没有将所有的时间都花在本专业的研究上，但他仍然是自己的博士后学生中学术成果最多的一个。

林德认为，尽管暴胀过程中的量子涨落通常会将驱动暴胀的场推向最低能量状态，从而优雅地停止暴胀，但是在某些区域，量子涨落也有可能会使场的能量增加，一直无法到达停止暴胀的数值。在这种情况下，暴胀将会持续下去。因为这些区域膨胀的时间更长，所以宇宙中处于暴胀中的空间大小要远远超过不再暴胀的空间。在那些仍在膨胀中的区域里，量子涨落会再次驱使一些子区域退出暴胀，从而使这些子区域停止指数级膨胀。与此同时，量子涨落使暴胀持续更长时间的区域也会再次出现。依此类推，循环往复。

这个图景被林德称为"混沌暴胀"，它与地球上的混沌系统非常相似，只不过人们更熟悉后者。这里以煮燕麦粥为例来解释这个系统。在任意时刻，粥的表面都可能会有气泡爆裂。在这些区域，高温的液体完成相变，成了蒸汽。但在气泡和气泡之间，燕麦片在不断翻滚。从大尺度上看，规律确实存在，因为总会有气泡爆裂。但在小尺度上，由于观测的区域不同，情况就完全不同。暴胀的宇宙中出现的混沌现象也是如此。如果一个人碰巧处于一个已经停止暴胀的区域，也就是在那些真正处于基态的"泡沫"里，那么他所在的宇宙将与周围那些仍在暴胀之中的空间格外不同。

在这个暴胀的图景中，暴胀是永恒的。一些区域将永远处于暴胀的状态，这些区域占空间中的绝大部分。那些退出暴胀的区域将成为独立的、彼此之间没有因果关联的宇宙。如果暴胀是永恒的，那么多重宇宙就是必然的，而在大多数关于暴胀的理论设想中，永恒暴胀可能是迄今为止最正确的一个。正如1986年林德在他的文章中所说。

> 为什么我们的宇宙是唯一可能的宇宙，这是个旧问题。它现在已经被一个新问题取代：在哪种理论中我们这种小宇宙才是可能存在的？尽管要回答这个问题仍然非常困难，但相较之前那个问题要容易得多。在我们看来，暴胀宇宙图景在发展过程中产生的最重要的作用就是，它改变了我们对宇宙全局结构以及我们在其中所处位置的根本看法。

正如林德所说，这种新的图景显然也为物理学提供了一种新的可能性。自然界中可能有许多种低能的量子态宇宙，它们是暴胀宇宙不断衰减后形成的。因为场的量子态结构在各个区域中是不同的，所以不同的区域或者说宇宙中，物理学基本定律的特征也可能是不同的。

正因为如此，这里也就出现了第一个所谓的"景观"（landscape）。前文提出的观点在这时也就可以自圆其说了。如果暴胀之后宇宙可能终止于许多不同的状态，那么我们生活的宇宙，也就是这个具有非零的真空能量并且真空能量小到星系得以形成的宇宙，只是潜在的无数个宇宙之一。这个宇宙是为好奇的科学家们准备的，因为它支持星系、恒星、行星和生命。

"景观"一词最初并不是在对暴胀的理论研究中提出的，它是随着弦理论的出现而出现的。弦理论是过去二三十年里推动粒子物理学前进的重要工具。弦理论认为，基本粒子有着更为基本的组成部分。这些更基本的组成部分不是粒子，而是像振动的弦一样的物体。就像小提琴琴弦的振动可以产生不同的音符一样，在弦理论中，不同种类的振动产生的物体原则上可以表现为我们在自然界中发现的所有不同的基本粒子。然而这一理论的缺陷在于，仅将空间定义为四维时，这个理论在数学上是不成立的，只有引入更多的维度才能使它成立，但是其他的维度在发生什么，理论家们并不十分清楚。此外，为了使这个理论更加完备，除了弦之外是否还需要补充其他重要的东西，目前也不明确。弦理论的发展过程中出现了许多悬而未决的问题，这些只是其中的几个。弦理论诞生之初，这些问题的出现，也在一定程度上削弱了人们对它的热情。

本书并不打算对弦理论做一个完整的回顾，而且这也几乎是不可能的。这是因为，在过去20年里人们发现弦理论比预期的更精细、更复杂，其中的某些基本性质和构成仍然是一个谜。

我们现在还不知道这个重要的理论体系与现实世界有什么联系。不过，至今还没有一个理论能像弦理论一样，在尚未成功地以实验方式解决任何一个自然之谜前，就已经在物理学界深入人心。

很多人会把上面的最后这句话当作对弦理论的批判。虽然我以前曾被人认为是弦理论的诋毁者，但在写这句话时我并没有这样的想法。同时，我做过的许多讲座，以及同我的朋友布赖恩·格林（Brian Greene，弦理论的主要支持者之一）就这个题目展开的许多次友好的公开辩论，也都不是为了批判弦理论。相反，我只是认为科学家应该停止追逐潮流，转而对其进行现实的反思，这一点是很重要的。弦理论所涉及的那些迷人的想法和数学，可能会对解决理论物理学中最根本的一致性问题提供线索。这个最根本的一致性问题就是，我们尚无法将爱因斯坦的广义相对论与量子力学统一起来，并合理预测宇宙在极小尺度上的现象。

我曾经写过一本专著论述弦理论是如何试图解决这个一致性问题的，但对于本书而言，只需做一个简短的总结。其核心方案实施起来很困难，但表述起来很简单。在极小的尺度上，也就是引力和量子力学统一性问题第一次可能出现的尺度，基本的弦可能会卷曲成闭环。在一系列对闭环的刺激中，总有一种能使它具有引力子（在量子理论中能传递引力的粒子）的性质。因此，弦的量子理论提供了一种建立真正的量子引力理论的可能性。

采用标准量子方法分析引力时会出现无穷多种预测结果。弦理论也许可以避免这种令人尴尬的局面，然而它并不完美。在弦理论最简单的版本中，只有当构成基本粒子的弦在振动时，才能避免出现无穷多种预测结果，振动不能只发生在我们所熟悉的三维空间和一维时间中，而要在二十六维空间中同时进行！

你可能会认为这样突然增加的复杂性（或许是信仰）足以使大多数物理学家放弃这个理论。但在 20 世纪 80 年代中期，一群科学家给出了优美的数学作品，表明这个理论可以比仅仅为引力提供量子理论做得更多。其中最著名的是普林斯顿高等研究院（Institute for Advanced Study）的爱德华·威滕（Edward Witten）。通过引入新的数学对称性，尤其是一个非常强大的“超对称”数学框架，可以将用这个理论解决一致性问题所需的维度从二十六维减少到十维。

更重要的是，在弦理论的背景下，我们似乎有可能将引力与自然界中的其他力在同一个理论中统一起来，而且它还可以解释自然界中每一种已知的基本粒子！在十维空间似乎还存在着一个独特的理论，它甚至能够再现我们在四维世界中看到的所有东西。

自此，"万物理论"的观点开始传播，不仅仅是在科学文献中，在大众文学中也是如此。这样造成的结果就是，熟悉"超弦"的人或许比熟悉"超导"的人多。超导是指当一些材料被冷却至极低温度时，它们的电阻率会降低为零。这不仅是物质最引人注目的性质之一，而且它还改变了人们对材料的量子组成的理解。

然而，在其后的二三十年间，弦理论的发展充满坎坷。世界上最优秀的理论学家开始把注意力集中到弦理论上，并且在这个过程中产出了大量新的科学成果和数学成果。例如，威滕对弦理论的后续研究工作就为其赢得了数学领域的最高奖项。即便如此，结论却很清楚，弦理论中的"弦"可能根本就不是最基本的结构。一种更复杂的结构——"膜"，以细胞的细胞膜命名，存在于较高维度中，可能控制着弦理论所描述的行为。

更糟糕的是，这一理论的独特性开始消失。毕竟，我们所体验的世界不是十维的，而是四维的。剩下的六个维度在发生什么必须得有个解释，而通常对于它们为什么隐形的解释就是它们以某种方式被"压缩"了。也就是说，在非常小的尺度上它们是卷曲的，所以我们无法在当前的尺度上发现它们，甚至当今最高能的粒子加速器也无能为力。

这些隐形的维度与玄学和宗教中所说的不同，即使它们在表面上看起来区别不大。第一，这些隐形的区域理论上是可探测的，只要建立一个能量足够大的加速器。虽然这个加速器需要的能量强度可能超过了实际可以达到的上限，但这个能量强度并非不存在。第二，人们有可能像发现虚粒子一样，通过四维宇宙中可以测量的对象来发现它们存在的一些间接证据。简而言之，因为这些维度的提出是作为一个理论的一部分，这个理论是为了尝试阐明宇宙的真相，而不是为了自圆其说，所以即使可能性很小，这些隐形的区域最终也一定会被实验所探知。

除此之外，这些额外维度存在的可能性对我们宇宙的唯一性提出了巨大的挑战。即使从十维空间的那个独特理论开始（必须重申，我们还不知道其是否存在），每一种压缩六个不可见维度的不同方式都会导致不同类型的四维宇宙。而每一种类型的四维宇宙都会有不同的物理定律、不同的力、不同的粒子，并由不同的对称性控制。一些理论家估计过，由单一的十维弦理论就能产生 10^{500} 个不同但又都满足一致性的四维宇宙。"万物理论"突然变成了"任意理论"！

我最喜欢的科学连环漫画 *xkcd* 中的一期就调侃了这一情形。在这期的一组漫画中，一个人对另一个人说："我刚刚有了一个很棒的想法。会不会所有的东西和能量都是由微小的振动的弦组成的？"另一个人说："好吧。这意味着什么？"第一个人回应："我不知道。"

另一个看起来不那么戏谑的评论来自诺贝尔奖得主、物理学家弗兰克·维尔切克（Frank Wilczek）。他认为，弦理论家发明了一种新的研究物理学的方式，它就像是一种飞镖的新式玩法：先把飞镖扔在一堵白墙上，然后在墙上飞镖戳中的地方画一个靶子。

虽然弗兰克的评论准确反映了很多人对弦理论的印象，但也不应忽视，做这项理论工作的人都还在认真地尝试找出那些可能影响我们生活的世界的基本原理。虽然太多种类的四维宇宙在过去对弦理论研究者来说极其尴尬，现在它却成了这个理论的一个优点。可以想象，在一个十维"多重宇宙"中，人们可以嵌入一大堆不同的四维宇宙，也可能是五维宇宙或六维宇宙，等等，而每个宇宙都可以有不同的物理定律，并且每个宇宙中的真空能量都可以不同。

虽然听起来像是敷衍了事，但这就是弦理论的推论，而且它确实生成了一个真正的多重宇宙的"景观"。在这个框架下，我们可以进一步深化对真空能量的人择理解。现在，我们不需要在三维空间中彼此分离的无数个宇宙。相反，我们可以想象，宇宙中的一个点上堆叠着无数个宇宙。我们看不见这些宇宙，但是每个宇宙都有着完全不同的特性。

不同于阿奎那那个关于几个天使是否可以占据同一个地方的神学冥想，这套理论有它的重要性。阿奎那的想法被后来的神学家所嘲笑，因为后来的神学家认为思考有多少天使可以待在一个针尖上，或者更流行的说法是在大头针的尖上，完全是徒劳无功的。阿奎那本人其实回答了这个问题，他说多个天使不能占据同一个空间。当然，没有任何理论或实验能验证他的论断。而且，如果这些天使是玻色子量子天使，那么阿奎那的回答肯定是错的。

在这样的图景下，如果拥有足够的数学工具，人们也许可以从理论上对现实世界做出物理的预言。人们可能会推导出在更多维度的多重宇宙中找到不同类型的四维宇宙的概率分布。人们可能会发现，具有低真空能量的大部分宇宙也都具有三种基本粒子和四种不同的力。或者，只有在具有低真空能量的宇宙中，才能存在电磁力这样的长程力。任何一个这样的结论都是在提供确凿的证据，以证明真空能量的人择概然性解释具有可靠的物理意义。换句话说，发现一个看起来像我们的宇宙一样具有低真空能量的宇宙并不是不可能的。

数学的发展还不足以让我们到达这样的阶段，也许永远都到不了。尽管目前的理论还无能为力，但这并不意味着这种可能性在自然界中不存在。

现在，粒子物理学已经进一步推动了人择原理。

粒子物理学家远远领先于宇宙学家。宇宙学已经给出了一个神秘莫测的量：真空能量。我们对此几乎一无所知。然而，粒子物理学家长期以来都在面对各式各样充满谜团的物理量。

例如，为什么有三代基本粒子，也就是电子和其较重的表兄弟——μ介子和 τ 子？为什么有三种不同的夸克，又为什么偏偏是它们能量最低的组合构成了地球上的大部分物质？为什么引力比自然界中的其他力（如电磁力）弱得多？为什么质子比电子重 2 000 倍？

一些粒子物理学家已经选择了极端的人择原理，这也许是因为他们依据物理学原理来解释自然奥秘的努力总是付诸东流。毕竟，如果自然中有一个基本量是环境偶然产生的，那为什么大多数或全部其他基本参数不是偶然产生的呢？或许所有粒子理论的奥秘都可以通过念同样的咒语来解决：如果宇宙不是这样，我们就不可能生存在其中。

人们可能会想，这样解释自然之谜是否真的算是一种解释，或者说，它能否用于解释我们所理解的科学？毕竟，过去的 450 年来，科学，特别是物理学的目标一直是解释为什么宇宙必须是我们所看到的样子，而不是回答为什么自然规律会产生迥异的宇宙。

我曾试图解释为什么并不完全是这样，也就是说为什么许多令人尊敬的科学家已经转向了人择原理，以及为什么仍有科学家在努力地工作着，就为了寻找新理论来探索关于宇宙的新东西。

现在让我进一步解释一下，为何永远无法探测到的宇宙也需要进行实验检验，无论是在空间中距离我们无限远的宇宙，还是可能就在我们鼻尖上的微小尺度的高维宇宙。

假设我们发明了一套理论，这套理论在某种"大统一理论"的基础上对自然界四种力中的至少三种进行了统一。对那些没有放弃寻找四维基本理论的人而言，"大统一理论"是粒子物理学中一个备受瞩目的课题。我们用这套理论来探测自然力以及在加速器上探测到的基本粒子的光谱。如果这套理论能够进行大量的预测且这些预测结果能被实验所证实，那我们就有足够的理由认为它包含了真理的萌芽。

现在，假设这套理论也预言了早期宇宙的一个暴胀阶段，并且还预言了我们所处的暴胀时期只不过是永恒暴胀的多重宇宙中的大量类似阶段之一，即使我们不能直接探索在我们视界之外的那些区域，但正如我之前所说，如果一个东西像鸭子一样走路也像鸭子一样嘎嘎叫，那么，你知道的……

虽说寻找支持额外维度的实证困难重重，但并非完全不可能。许多年轻聪慧的理论家正致力于推动这个理论的发展，希望能在自己的职业生涯中找到一些直接或间接的证据，来证明这个理论是正确的。尽管希望渺茫，但他们已义无反顾地做出了选择。也许日内瓦附近新建的大型强子对撞机能提供一些证据，打开一些通向新物理学的隐藏窗口。

经历一个世纪的探索，我们对大自然的理解已有了前所未有的巨大进步。我们已经能够在以前无法想象的尺度探索宇宙。我们对大爆炸和宇宙膨胀过程的推演已经可以回溯到宇宙诞生的几微秒之后。我们发现了数千亿个新的星系，还有数千亿颗新的恒星。我们还发现，宇宙的99%是由不可见的暗物质和比暗物质更多的暗能量构成的。暗物质很可能是某种新型的基本粒子，而暗能量的起源在当下仍然是个谜。

综上所述，物理学有可能会成为一门"环境科学"。自然界的基本常数长久以来有着特殊的地位，但它们也有可能只是环境偶然产生的。如果我们这些科学家过于严肃地对待自己以及我们所研究的科学，那么也许我们对宇宙的研究也太过严肃了。反正，我们就是在无事生非。也许我们对主导宇宙的真空想得太多了！也许我们的宇宙就像海洋中的一滴眼泪，藏在一个包罗万象的广阔的多元宇宙之中。也许我们永远也找不到一个理论，能够解释宇宙为什么是这样的。

或者，也许我们能找到。

以上就是我对人类现在所能理解的现实所能描绘的最准确的图景。这幅图景来自 20 世纪以来数以万计献身于此的科学家，来自那些人类发明过的最复杂的机器，以及人类构思出的那些最美丽也最复杂的理论。这幅图景的产生展现了人类的最大优势，也就是我们有能力想象宇宙存在方式的各种可能性，并富有冒险精神地勇敢探索，而不是把问题交给那些似是而非、难以捉摸的创世神力或者创世者。我们应该承认自己从这个经历中汲取了智慧，否则就是在辜负所有那些帮助我们构建目前知识体系的聪明和勇敢的人。

如果我们想得出人类的存在、人类的意义和宇宙本身的重要性的哲学结论，这一结论就应该以经验知识为基础。一个真正开放的思想意味着我们要为想象找到现实的证据，而不是捏造事实以迎合我们的想象，不论结果是否令我们满意。

A
UNIVERSE
FROM NOTHING

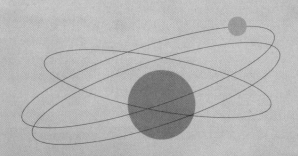

09

无也是有

我不介意未知，它从未将我吓退。

——理查德·费曼

牛顿也许是有史以来最伟大的物理学家。正是因为他，我们对宇宙的
认识有了深刻的改变。他对人类最重要的贡献也许是向世人展示了这样一
种可能，即整个宇宙是可以被理解的。凭借他提出的普适的引力定律，牛
顿第一次向人类证明天空也要遵循自然法则。宇宙根本不是奇怪的、恶意
的、充满威胁的，或者反复无常的。

如果宇宙由永恒的物理法则所支配，那么古希腊和古罗马神话中的众
神就不能为所欲为。因为没有神力能够任意扭曲世界，他们也无法故意用
各种棘手的问题为难人类。如果太阳并不是绕着地球运动，它的东升西落
是地球公转的结果，一旦地球突然停止公转，地球表面就会产生强大的
力，足以摧毁所有人类的建筑连同其中生活的人，那么人们又怎会看到正
午时分的太阳在天空中保持不动呢[①]？

当然，超自然行为本身就是奇迹和神话的主要内容。毕竟，它们所要
讲述的正是那些不符合自然规律的事情。一个可以创造自然规律的神大概
也可以随意规避这些规律。但值得深究的是，为什么神迹大多发生在数千

---

① 摩西（以色列人）在《圣经》中记载上帝曾使太阳和月亮在天空中保持不动约一天之久。——译者注

年之前，而不是有现代通信设备可以记录这些行为的今天。

　　无论如何，即使在没有奇迹的宇宙中，当你面对一个简单而又深刻的基本秩序或者说基本规律时，你也可能会得到两种不同的结论。一种是类似牛顿当时提出的，也是很早之前长期被伽利略及其他科学家所支持的结论。这种结论是，这些基本秩序是由一个神圣的智慧体创造出来的，这个智慧体不仅创造了宇宙，也创造了我们，而人类的形象则是按照她自己的形象创造出来的（显然，其他复杂而美丽的生物并不是这样）。另一种结论则是，秩序和规律本身决定了一切，它们本身要求宇宙产生、发展和演化，而我们是这些规律产生的不可撤销的副产品。这些规律的时效可能是永恒的，也有可能是由一些尚未发现但可能更纯粹的物理过程所决定的。

　　关于这些规律的种种可能性，哲学家和神学家们进行了旷日持久的辩论，有时候连科学家们也参与了进去。我们无法确切地知道哪些规律是在正确地描述宇宙，也许我们永远也不会知道。但关键在于，问题的最终答案不会源自人类自身的希冀、愿望，获得的某种启示或纯粹的想法。如果真能有答案的话，它也只会源自人类对于大自然不断的探索。"不论是美梦还是噩梦"，正如雅各布·布朗诺夫斯基（Jacob Bronowski）所说。一个人的美梦有时可以轻而易举地成为另一个人的噩梦，我们必须一边脚踏实地一边开阔眼界。无论我们喜欢与否，宇宙都是它本身的样子。

　　在这里，我煞费苦心描述的这个无中所有的宇宙，是自然，也可以说是必然会产生的，它与我们今日对世界的认识越来越一致。这些认识既不源自哲学或神学，也不源自对人类处境的推测或关于道德的思考，而是基于人类在经验宇宙学和粒子物理学方面获得的前所未有的发展。

　　因此我想要回到我在本书开头描述的问题：为什么有物而不是空无？

在讨论了宇宙的现代科学图景、历史、可能的未来，以及描述了"空无"实际上可能包含的东西之后，我们现在可以更好地回答这个问题。正如我在本书开头提到过的，这个问题属于科学范畴，就像所有这类哲学问题一样。面对这个问题，我们完全没必要强迫自己接受一个创世者的存在。相反，这个问题的语意已经产生了很大的改变，早就不是它的本意了。这并不奇怪，因为来自过往的经验知识已经像一道光照亮了我们思维当中那个黑暗的角落。

当然，对待科学我们必须特别注意那些问到"为什么"的问题。当我们问："为什么会这样"时，我们通常是在问"怎么会这样"。如果我们能够回答后者，通常就能够解决这个问题。例如我们可能会问："为什么地球距离太阳 1.5 亿千米？"但我们真正想问的是："地球怎么会离太阳 1.5 亿千米？"我们感兴趣的实际上是这其中的物理过程，是什么物理过程导致地球处于现在的位置。"为什么"暗示了提问的目的，而当我们从科学的角度理解太阳系的运行规律时，我们通常不会止步于回答这个单一的问题。

所以对之前那个问题来说，真正应该问的是："宇宙中有物，而不是空无，怎么会这样？"这些求证"怎么会这样"的问题才是真正能通过研究大自然给出确定性答案的问题。只是因为这样提问听起来有些奇怪，所以在讨论中我们有时会采用更通俗的表达方式。如果在本书中也存在这样的情况，敬请谅解。

从实际理解的角度来看，这个"怎么会这样"的问题通常会被分解为一系列更具实操性的问题，例如"当下宇宙的属性是如何产生的"？或者一些更重要的问题，例如"我们怎样才能找到这个问题的答案"？

重构问题时常会帮助我们重新审视问题，进而产生新的理解，获得新的知识。这就使科学问题有别于纯粹的神学问题，因为后者往往预先就设定了答案。我已经挑战了几位神学家，让他们提供证据来反驳这样的假设：在过去的至少 500 年里，自从科学崛起，神学就没有对知识做出任何贡献。迄今为止还没有人能提供反例。而我从他们那里最经常得到的回应是："你所说的知识指的是什么？"从认识论的角度来看，这可能是一个棘手的问题，但我坚持认为如果有更好的答案，会有人说出来。如果我向生物学家、心理学家、历史学家或天文学家发起同样的挑战，他们都不会表现得这么困惑。

这类有效问题的答案与理论预测有关。这些理论预测均可以被实验证实，从而更直接地推动我们对宇宙运行规律的了解。所以在这本书中，我一直都在围绕这类有效的问题进行讨论。但是，"无中生有"仍然在神学领域有着重要地位。因此，我们也就不得不直面这个问题。

无论是否承认宇宙本身存在着内在的合理性，牛顿的研究成果都大大减小了上帝之手的作用范围。牛顿定律不仅严格限制了神灵行动的自由度，而且免去了事物运转对超自然现象的依赖。牛顿发现，太阳周围的行星并不需要一个推力推着它们沿着自己的轨道行进，反而需要一个朝向太阳的拉力使它们在轨道上绕行，这一事实有悖当时的常理。在当时，人们一直认为是天使带动着行星沿着它们的轨道运转，而牛顿定律显然否定了天使的作用。只不过这对于人们相信天使的意愿几乎没有什么影响。民意调查显示，相信天使的美国人比相信进化论的多。但我们可以说，自牛顿以来，科学的进步使得上帝之手越来越少地出现在各类作品当中。

我们已经可以在仅使用已知物理规律的前提下，将宇宙的演变追溯到大爆炸的最早期时刻，还可以描述宇宙可能的未来。当然，关于宇宙我们还有很多未解的谜题，但请允许我假设本书的读者都不会认可"无解即神迹"的观念。"无解即神迹"指的是，每当观测结果看起来让人困惑或者难以完全理解时，就用上帝的作为来解释它们。即使是神学家们也能认识到，这种诉诸上帝的做法不仅有损上帝至高无上的威名，而且当新的科学理论扫清迷雾之时，还会进一步削弱上帝的权威性甚至将其边缘化。

从这个意义上说，无中生有的问题实际上试图聚焦于创造行为的起源，以及在这个特定问题上，科学理论能否给出逻辑自洽并且令人满意的解答。

鉴于我们目前对自然的理解，无中生有这个问题已经有了三个不同的各自独立的含义。对于其中的任何一个而言，简单说来都是"很可能正确"。在本书剩下的部分里，我将尝试依次阐述这个问题的每一种含义，解释它是"为什么"，或者说，解释它"怎么会这样"。

奥卡姆剃刀原理表明，如果某些事件在物理上是可行的，它的实现也就无须诉诸某些超凡的存在。这些超凡的存在之一有可能是一位全知全能的神。他或许存在于我们的宇宙之外，又或许存在于多重宇宙之中，统治着我们这个宇宙内部的东西。但无论这位全知全能的神存在与否，当我们寻求宇宙万物发展规律的奥秘时，都不应该求助于他。

我在这本书的前言中已经提到，仅仅将"空无"定义为"不存在"是不充分的，因为这不足以支撑物理学甚至更广义的科学对于这个问题的阐述。举一个具象的例子，假设有一个电子－正电子对，它们从原子核附近的真空中突然出现，并且在该电子对存在的短时间内影响了该原子的性质。那么，这个电子或正电子在这之前是以什么形式存在的？在任何现有的合理定义之下，它们显然都不存在。当然它们的存在是有潜在可能的，但这种可能性并不比一个男人靠近附近的一个女人，最后会生育一个宝宝的可能性更大。对于死亡或者不存在会是怎样的这个问题，我所听过的最好的答案就是，想象一下你在被母亲孕育之前会是何种感觉。但无论如何，可能存在并不等同于存在。

我在亚利桑那州立大学领导了一个起源项目。我们最近举办了一个关于生命起源的研讨会。在这次会议上，我见识到了当前学界在这方面的争论。我们还没有完全了解地球上生命的起源。但是，这不仅没有阻止我们了解与生命起源有关的合理的化学机制，而且我们的研究甚至日益接近了可能使生物分子包括 RNA 自然产生的具体途径。更重要的是，基于物竞天择思想的达尔文演化论为我们绘制了令人信服而又准确的图景。它描绘了在这个星球上第一批能够通过新陈代谢获取能量并完整复制自我的细胞出现后，纷繁复杂的生命体繁衍进化的历程。这也是我在此刻所能想出的对于"生命"一词最好的定义。

尽管达尔文保留了上帝帮助生命进入最初形式的可能性，但他的研究成果确实使现代世界的演化这件事不再需要神。演化使整个地球上遍布多彩多样的生命形式，我们目前对宇宙的过去、现在和未来的理解使我们知道在不借助神力的条件下，"无中生有"是有可能的。由于观测和相关理论在找出其中的细节方面存在困难，我推测在这方面我们有可能永远不会得到比"有可能"更进一步的结论。但是，在我看来，找到可能性本身就已经是向前迈进了一大步。因此，我们必须继续保持勇气，在这可能是无中生有，又有可能在未来消逝的、没有目的地的宇宙的边缘过有意义的生活。

现在让我们再次回顾宇宙最显著的特征之一：在我们可以测量的范围内，它是平直的。由于至少在以星系为主体的物质主导的尺度上，牛顿定律近似保持有效，因此平直宇宙的独特之处在于：在平直宇宙中，并且只有在平直宇宙中，参与膨胀的每个物体的平均牛顿引力能的精确值为零。

这是一个可以被证伪的假设，宇宙不见得一定是这样的。除了那些认为宇宙是无中生有或者几乎是无中生有的理论猜想，没有什么要求它必须如此。

无论我怎样强调这个事实的重要性都不过分：一旦将引力纳入我们对自然的考虑之中，人们就不能再自由地定义一个系统的总能量，也不能随便定义这种能量是正是负。确定宇宙膨胀携带的总引力能和定义宇宙的几何曲率一样，并不是任意的。根据广义相对论，它是空间本身的性质，而空间的这个性质是由它所包含的能量决定的。

这样说是因为有人认为在一个平直的膨胀宇宙中，每个星系的平均总牛顿引力能为零的声明是武断的。他们认为其他任何值同样成立，只是科学家们"定义了"零点以反对上帝的存在。迪尼什·德·苏扎（Dinesh D'Souza）在与希钦斯就上帝是否存在展开的辩论中就这样说过。

这一说法完全错误。半个多世纪以来科学家们致力于确定宇宙的曲率。他们的努力是为了了解宇宙的客观属性，而非在其中强加自己的意愿。即使在宇宙是平直的这一理论得以验证很久之后，我的那些从事观测的同事在20世纪80年代甚至20世纪90年代初仍然在坚持证明与之相反的结论。毕竟，在科学上，想要产生最大的影响力（通常是登上最轰动的头条新闻），不应该追寻大多数人的脚步，而是要反其道而行。

不论如何，数据已经给出了定论。我们可以观测到的宇宙在我们可以测量的精度上是平直的，与哈勃膨胀一起移动的星系的牛顿引力能为零，不论你是否喜欢这个结果。

现在我想解释一下，如果宇宙是无中生有的，那么一个平直宇宙，一个每个物体的总牛顿引力能为零的宇宙为何恰恰是我们应该期待的。这个论点不是那么直接，甚至比我在讲座中描述的还要复杂一些，所以我很高兴有机会详细说明。

我想先说明一下"空无"是什么样的。在这里，"空无"就是最简单的"什么都没有"的意思，即真空。目前，假设空无存在，但是其中没有任何东西，物理学的规律也成立。对于那些希望不断重新定义这个词以使科学的定义更有实际意义的人来说，这个版本中的"空无"仍不符合条件。不过我觉得，在柏拉图和阿奎那的时代，当他们思考宇宙为什么会有物而不是空无的时候，什么都没有的真空也许是一个很好的折中。

正如第 6 章所述，古思精确地解释了我们如何从这种空无中得到一些东西，即最终的免费午餐。即使在没有任何物质或辐射的情况下，真空具有的能量也可能非零。广义相对论告诉我们，大爆炸后空间将以指数的形式膨胀，所以即使是那些原初最小的区域也可以迅速膨胀到一个极大的尺寸，甚至足以容纳今天的整个可见宇宙。

在这样快速的膨胀期间，随着宇宙的扩张，真空中的能量也会同步增长，将我们的宇宙包围起来的区域将会变得越来越平直。这种现象不需要任何骗术或奇迹就会自然发生，是因为与真空能量相关的引力是"负的压力"。这种"负压"也就意味着，宇宙的膨胀会将能量释放到真空中，而不是相反。

根据这一图景，当暴胀结束时，在真空中储存的能量将变成实际的粒子和辐射所拥有的能量，从而有效地创造现在的大爆炸和宇宙膨胀的可追溯的开端。我用可追溯的开端来表述，是因为暴胀有效地消除了宇宙在此之前的任何与其状态有关的痕迹。即使初始的宇宙或者总宇宙是巨大的，甚至是无限大的，最初那些展现在大尺度上的所有复杂性和无规律性都会被暴胀所消弭或者被推出我们的视界之外。我们观测到的将永远是一个在发生了暴胀之后的几乎均匀的宇宙。

这里用"几乎均匀"这个词是因为我在第 6 章中也描述过，量子力学的作用总会残留一些微小的密度扰动，而这些扰动会在暴胀期间被冻结。这导致了暴胀的一个令人惊奇的结果：量子力学规则产生的真空的小密度扰动随后将产生我们今天在宇宙中所观测到的所有结构。所以我们以及我们所看到的一切都来源于量子扰动。而在时间的起点，也就是暴胀期间，量子扰动存在于什么也没有的空无之中。

在一切尘埃落定之后，物质和辐射将构成基本的平直宇宙，平直宇宙中所有物体的平均牛顿引力能表现为零。结果和之前所说的一样，除非有什么人能够非常精确地微调暴胀的数值。

因此，可观测宇宙最初只是一个微观的小空间。这个空间可以本质上是空的，却仍然可以增长到如此巨大的尺度，最终将大量物质和辐射包含其中。所有这些过程都没有消耗任何一点能量，却产生了我们今天看到的一切物质和辐射！

在对第 6 章讨论的暴胀动力学的这个简短的总结中，值得强调的一点是，真空可以产生东西正是因为有引力存在，真空的能量与我们在发现大自然的本质规律之前的常识截然不同。

在时间和空间中，人类只能蜗居一隅，因此没有人会认为宇宙是由人类的想法主导的。当然，我们可能有理由认为，按照以往的经验，事物不能自发地从真空中产生，所以从这个意义上说，无中生有是不可能的。但是，当我们允许引力和量子力学所共同定义的动力学起作用时，这个常识就不再成立了。这是科学之美，不带有任何威胁性。科学只是促使我们找出合理的解释，而不是让宇宙符合我们的常识。

总而言之，宇宙是平直的，以及物体的牛顿引力能基本为零的这一结果，极有力地表明了我们的宇宙是通过一个像暴胀这样的过程而产生的。在这个过程中，真空的能量转变为物质和辐射的能量。在此期间，在可观测的尺度上，宇宙越来越接近平直的状态。

暴胀展示了具有能量的真空如何有效地创造出我们所看到的一切，以及一个令人难以置信的巨大和平直的宇宙。如此一来，如果还有人认为推动暴胀的具有能量的真空真的是空无的，未免有些言不由衷。在这个图景中，我们必须假设真空是存在的，它可以存储能量，并且我们可以使用像广义相对论这样的物理理论来计算其产生的结果。所以，如果本书结束于此，有人可能就会说，现代科学对于真正解决如何无中生有还有很长的路要走。然而，这只是第一步。当我们继续开阔眼界，接下来会发现，暴胀只是宇宙无中生有的冰山一角。

A UNIVERSE
FROM NOTHING

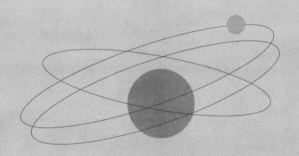

10

空无是不稳定的

为实现正义，哪怕天崩地裂。

——古罗马谚语

真空中存在能量这一观点撼动了我们对宇宙的理解，这个观点是暴胀理论的基石，但它只是再次佐证了已由实验确证的量子世界的一些观点。真空是复杂的，就像一锅沸腾的粥。虚粒子在极短的时间内出现又消失，以至于我们根本来不及观测。

虚粒子展现了量子系统的一个基本属性。量子力学的核心思想中有一条基本原则，这一原则有时还对政治家或者首席执行官有影响，那就是只要没人在看，任何事情都会发生。如果仅考虑极短的时间，系统就会一直在所有可能的状态间变化，甚至会出现一些观测中无法看到的状态。这种"量子涨落"的存在表明了量子世界中至关重要的一点：如果仅考虑一瞬之间，总有东西无中生有。

但是这带来了一个问题。根据能量守恒定律，量子系统的异常行为不能存在太久。这就像那些挪用资金去炒股的人害怕被人发现一样，如果系统进入某个状态需要从真空中挪走一些能量，那么它必须在足够短的时间内再将这些能量返还回去。这样才能保证无论是谁在观测这个系统时都不会发现异常。

因此，你自然会推测，量子效应产生的这些"物"，它们的存在周期非常短暂，短到我们无法探测，这一特点使它们不同于你、我，或者说我们所生活的地球。但是，这些短暂存在的"物"也受到观测环境的限制。例如带电物体所产生的电场。电场当然是真实存在的，因为你可以感受到头发上的静电，或者看到因为静电而粘在墙上的气球。然而，电磁量子理论指出，静电场是由带电粒子发射出的虚光子产生的。虚光子的总能量为零，因此它们可以在整个宇宙中传播而不会消失。很多这样的虚粒子重叠之后形成的场是真实的，我们能够感受到它的存在。

在特定的时间和条件下，大质量的真实粒子可以无障碍地从真空中一跃而出。例如两块带电的板彼此靠近时，如果它们之间的电场足够强，那么强大的能量就有利于粒子–反粒子对从两块板之间的真空中冒出来。其中带负电荷的粒子向正极板移动，而带正电荷的粒子则向负极板移动。由于电荷相互抵消，每块板上的净电荷会减少，随之而来的是两块板之间电场的减弱，进而导致系统总能量减少。这部分减少的能量有可能比产生两个真实的粒子所需的静质能多。当然，产生这一现象的前提是电场强度必须足够大。

宇宙中就有一个地方存在着强大的场，可能产生类似的现象，只不过这个场是引力产生的。正是因为发现了这一点，1974 年史蒂芬·霍金从一众物理学家中脱颖而出。在霍金之前，当量子力学还没有被纳入宇宙学的考虑范围时，人们普遍认为没有东西可以逃出黑洞。而霍金指出，黑洞或许可以向外辐射物理粒子。

这一现象有很多种不同的解释。其中一种就和电场内发生的情况非常相似。在黑洞的核心区之外，存在一个被称为"视界"的区域。在视界之内，没有物体能够以经典物理的方式逃脱。因为黑洞的逃逸速度超过了光速，所以即使是该区域内发出的光线也不会跑到视界范围之外。

假设在视界之外的真空中出现了一个粒子–反粒子对，它产生于该区域中的量子涨落。这时，其中一个粒子正好落入视界范围，因为落入黑洞，它损失了一定的引力势能，如果其损失的引力势能大于这两个粒子任意之一的静质能的两倍，那么另一个粒子就可以在不违反能量守恒定律的前提下飞向无穷远，并且可以被观测到。辐射出去的那个粒子的正能量被落入黑洞的粒子损失的能量所补偿，黑洞因而也就可以向外辐射粒子。

更有意思的是，由于掉入黑洞的这个粒子所损失的能量大于它本身的静质能，因此，当它掉入黑洞时，整个黑洞和这个粒子组成的系统的净能要比粒子落入黑洞前少！也就是说在粒子落入黑洞之后，黑洞实际上会变得更轻。它减少的质量相当于辐射出去的那颗逃逸粒子所带走的能量。由此可见，黑洞最终也就有可能会完全因为向外辐射粒子而消失。尽管我们现在还不知道黑洞的结局是否如此，因为在黑洞蒸发的最后阶段涉及极小尺度上的物理过程，在这样的尺度上仅靠广义相对论是无法得出最终答案的。在这样的尺度上，引力必须完全用量子力学理论来解释，而以我们目前对广义相对论的理解，并不足以准确地判断在那时到底会发生什么。

不论如何，所有这些现象都意味着，在恰当的条件下，空无不仅有可能产生某些东西，而且必须产生。

对于空无是不稳定的，并且能无中生有这一特点，宇宙学中有一个历史久远的例子，它源自科学家对"为什么我们生活在一个由物质组成的宇宙中"这一问题的探索。

平时你可能从未思考过这个问题，但事实上，宇宙含有物质本身就是一件很不平凡的事。据我们所知，宇宙并没有大量的反物质。让我们回忆一下，在量子力学和相对论的背景下，反物质必须存在。自然界中每种我们所知道的粒子，都存在一个与之电荷相反、质量相同的反粒子。你可能会认为，任何合理的宇宙在其形成初期都会包含相同数量的粒子和反粒子。毕竟，反粒子与普通粒子具有相同的质量和类似的其他性质，因此如果粒子是在宇宙早期被创造出来的，那么与此同时也会产生反粒子。

我们甚至可以想象在某处存在着一个反物质宇宙，其中构成恒星和星系的所有粒子都是反粒子。反物质宇宙看上去与我们所生活的宇宙几乎完全相同。而在反物质宇宙中的观测者也是由反物质构成的，他们无疑会把我们命名为反物质称为物质。毕竟这就是一个人为给定的名称。

但是，如果我们的宇宙如此合理地开始，包含同样多的物质和反物质，并且一直都保持这样的比例，那么我们现在也就不会问出"为什么"或"怎么会这样"这一类问题了。这是因为如果物质和反物质一样多，那么所有的物质粒子都会在宇宙早期就已经和反物质粒子发生了湮灭，最终的结果就是只剩下纯粹的辐射。这样一来，就不会产生任何物质或反物质构成的恒星或星系，也不会有恋人或反恋人，他们也不会有机会在某一天凝望星空，并在彼此的怀抱中被星空的景象所震撼。没有任何戏剧性，一切都只会平淡无奇，宇宙的历史也将是一片空无。大爆炸所引发的辐射浴将会缓慢冷却，最终造就一个寒冷、黑暗、荒芜的宇宙。虚空将会统治一切。

然而，在20世纪70年代，科学家们逐渐意识到有另外一种可能。尽管宇宙开始于早期炙热稠密的大爆炸，并产生了等量的物质和反物质，但可以无中生有的量子过程却可能会使它们出现一个极小的不对称。也就是说，量子过程有可能会使早期宇宙中物质的量略微超过反物质的量。正因如此，物质和反物质完全湮灭只剩辐射的情况得以避免。所有的反物质都会与物质发生湮灭，但物质多于反物质的那部分得以幸存，因为没有反物质可以与之湮灭。这些物质最终就构成了我们今天在宇宙中看到的所有的恒星和星系。

结果，这样一个在宇宙早期出现的小小的不对称几乎就成了宇宙诞生的契机。因为一旦物质和反物质之间出现了不对称性，其后就没有任何方式可以将其破坏。一个充满恒星和星系的宇宙的未来就此奠定。宇宙早期反物质与物质发生湮灭，而剩余的物质粒子将留存至今，成就了我们所熟悉、热爱，并居住其中的可见宇宙。

即使这种不对称性只有十亿分之一，湮灭发生后剩下的物质也足以形成今天宇宙中一切可见的事物。事实上，十亿分之一左右的不对称性可能刚刚好，因为今天宇宙中的每个质子就对应着宇宙微波背景辐射中大约10亿个光子。宇宙微波背景辐射中的光子正是宇宙诞生之初那些物质与反物质湮灭后留下的。

我们目前还无法清晰地描述这个过程在宇宙早期是如何发生的。因为产生不对称性的尺度微小，我们暂时还不能完全确定这种尺度的微观物理世界的具体性质。尽管如此，基于目前我们所能掌握的信息，科学家们已经推测出了多种可能合理的情况。虽然细节不同，但从总体来看这些可能合理的情况都有着几乎相同的特征。它们都有一个与原初热浴中的基本粒子相关的量子过程。这一过程会将一个空无的宇宙，或者说，一个由物质和反物质构成的对称宇宙以一种难以察觉的形式，不可逆地推向一个由物质或反物质主导的宇宙。

如果物质和反物质都可以主导宇宙，那么我们的宇宙最终被物质主导会不会只是一个偶然？就好像你在高高的山顶上突然跌倒了，你跌倒的方向一定不是预先设定好的，而是取决于你正在看哪个方向，或者你跌倒时正在迈哪只脚。宇宙也是如此，虽然物理学的各条定律都是确定的，但物质和反物质最终谁多一些却是由随机的初始条件决定的。正如你在山上跌倒是由引力定律决定的，但你跌倒的方向却可能是随机的。这样一来，我们的存在又是一场由环境导致的意外。

然而，除了这种不确定性，这一过程中还有一个令人惊讶的事实。这个事实就是，物理学基本规律的一个特性允许量子过程将宇宙推离无特征的状态。物理学家弗兰克·维尔切克是第一批研究这类可能性的理论家之一。他提醒我，1980 年他在《科学美国人》（Scientific American）上发表的那篇关于物质－反物质不对称性的文章中，就曾使用过类似我在本章中所做的论述。他在讲述了我们对粒子物理学的新认识，以及宇宙早期物质－反物质的不对称性可能是如何产生的之后补充道，这或许能够回答为什么我们的宇宙有可见之物而非一片空无，因为空无本身是不稳定的。

弗兰克想强调的是，宇宙中物质的量超过反物质的量这一结果，乍看之下有些令人费解，因为人们很难想象宇宙可能是由真空的不稳定性产生的，而且什么都不存在的空无之中可以发生大爆炸。但是，如果这种不对称性是在大爆炸之后动态地出现的，问题就迎刃而解了。他说：

> 我们可以推测，宇宙开始于一个完美对称的状态。在这种状态之下，是没有物质存在的。也就是说，宇宙是真空的。然后第二个状态出现了，其中有物质存在。相比完美对称的状态，第二个状态的对称性略有降低，能量也较低。最终，在某个区域里出现了更不对称的状态，并且这个区域迅速扩大。这种转变所释放出的能量可以促使粒子形成。这个事件可能与大爆炸有关……而对于那个古老

的问题，"宇宙里为什么有可见之物而不是一片空无"，答案就是"空无"是不稳定的。

在继续展开讨论之前，我想先提醒大家注意下面这两个论题之间的相似性。一个论题与之前讨论过的物质－反物质不对称性有关，另一个则是我们在最近的"起源"研讨会上进行的关于人类目前对生命本质及其起源的理解的讨论。尽管两个论题在表述方式上有所不同，但其根本问题却极为相似：在地球历史的早期时刻，是怎样的物理过程最终催生了能进行生物分子复制和新陈代谢的物体？和 20 世纪 70 年代的物理学一样，近 10 年来分子生物学取得了惊人的进步。例如人们曾认为能够通过天然的有机途径，在某些合适的条件下促成 RNA 的出现。长期以来，RNA 被认为是在 DNA 之前构筑生命的基石。直到最近，人们才认识到直接生成 RNA 的途径是不存在的，必然有一些其他的过渡环节发挥了关键性的作用。

现在几乎不会有生物化学家或者分子生物学家会怀疑生命可以自发地从无生命物质中产生，即使完成这一转化的具体过程还有待发现。但是，当我们在讨论所有这些问题的时候，有一句贯穿始终的潜台词：地球上第一个生命的化学成分是否符合我们的预期。或者说，生命的组成是否有着许多其他的可能性？

爱因斯坦曾经问过一个问题，他说那是他对于大自然最想了解的事情。我承认，这也是包括我在内的许多人想要知道的最深刻也最根本的问题。他是这样说的："我想知道的是，'神'在创造宇宙的时候是否还有其他的选择？"

需要说明的是，爱因斯坦所说的"神"并不是《圣经》里面的那位上帝。对爱因斯坦而言，宇宙中秩序的存在有一种深刻的神圣感，使他感到了某种"神性"。因此，他受斯宾诺莎的启发，以"神"为名指代它。爱因斯坦提出的这个问题也是我在之前的几个例子中描述的问题：自然规律是独一无二的吗？这些规律下产生的宇宙是独一无二的吗？如果你改变它的某一个方面，如一个常数、一种力，哪怕改变的幅度非常轻微，会不会使整个宇宙就此崩塌？在生物学的意义上，生命的定义是独一无二的吗？我们在宇宙中是独一无二的吗？我们之后会再回来讨论这个最重要的问题。

虽然这样的讨论会使我们进一步深化和概括"无"和"有"的概念，我还是想先回到中间步骤，对于"无中生有"的必然性做些说明。

正如我之前已经指出的那样，我们所观察到的"物"是从"空无"，也就是真空中产生的。但是，如果我们将量子力学与广义相对论结合起来，这个观点就可以继续扩展。也就是说，空间本身也可能是无中生有的。

作为一种引力理论，广义相对论本质上是一个关于空间和时间的理论。正如我在本书开头描述的那样，它是第一个不仅可以描述物体在空间中如何运动，还可以解释空间本身如何演化的理论。

因此，引力的量子理论意味着量子力学的规则将能够用于描述空间的属性，而不是如常规量子力学一样仅仅适用于描述空间中物体的属性。

扩展量子力学以包含这种可能性是非常复杂的，但费曼提出的形式系统非常适合这项任务。他提出的这一形式系统带来了对反粒子起源的全新理解，费曼方法的着眼点是：随着时间的推移，量子力学系统将能探索所有可能的演化轨迹，甚至包括不符合经典力学系统的那些演化轨迹。

为了研究这个问题，费曼开发了一种"路径积分形式"来预测系统状态。使用这种方法时，首先需要考虑一个粒子在两点之间运动的所有可能的轨迹。然后，基于定义明确的量子力学原理，为每个轨迹分配概率权重，最后在所有路径上求和，以确定对粒子运动轨迹的最终（概率）预测。

霍金是第一批将这一方法充分应用到时空量子力学（根据爱因斯坦狭义相对论的要求，三维空间与一个时间维度联合形成了四维统一的时空系统）的科学家之一。费曼方法的优点在于，系统所有可能的运动轨迹都被考虑在内，这也就意味着，最终得到的预测结果与每条路径上每一点的特定的空间和时间无关。相对论告诉我们，相对运动中的不同观察者对距离和时间会得出不同的观测结果，因此也就会为系统在某一点上的空间和时间赋予不同的值。因此，费曼的这种方法可以使最终结果独立于不同观察者对时空的标定方法。这是非常有意义的。

这一点在使用广义相对论时也许最为有用。在广义相对论中，空间和时间的具体值完全是人为给定的，因此引力场中不同时空的不同观测者所测量的距离和时间完全不同。费曼方法中最终决定系统行为特性的都是像曲率这样的几何量，是独立于各个观测者的时空标定方法的。

然而，广义相对论与量子力学目前并不能完全统一。因此，广义相对论中暂时还没有清晰明确的方法来定义费曼的路径积分。我们只能做一些合理的猜测，并通过观测结果来判断这些猜测是否正确。

如果我们采用空间和时间的量子动力学，那么我们就必须想象，在费曼的积分中必须考虑每一种不同的可能性。这些不同的可能性描述了当量子不确定性主导时，在任意过程的中间阶段，空间可能出现的各种不同的几何形态。这意味着我们也必须考虑那些在极小的空间和时间尺度下会出现的高度弯曲的空间。由于时间太短、尺度太小，我们无法对它们进行观测。也正因为如此，量子领域里的那些奇异现象才有机会发生。在大的空间和时间尺度上测量空间的性质时，我们这些正常大小的观测者就不会观测到这些奇异的过程。

还有一种更离奇的情况。在电磁量子理论中，只要粒子能够保证在由不确定性原理所界定的时间内消失，它就可以随意地在真空中出现。与此类似，在费曼的量子路径积分所描述的各种可能的时空中，是否也应该考虑有可能会出现尺寸很小、很紧凑，并且会突然出现而后又消失的空间？或者以此类推，会不会存在这样一种空间，在它内部有着会在时空中闪现的"洞"或者像甜甜圈一样的"把手"？

这些问题都尚无定论。然而，据我所知，迄今为止还没有人能够提出一个更好的理由将这些可能的路径从决定宇宙演化特性的量子路径积分中排除，那么根据在自然界中普遍成立的一般原理，也就是没有被物理学规律所禁止的任何事情都一定会发生，将这些可能性考虑进来似乎是最为合理的。

正如霍金所强调的，量子引力理论允许在没有空间存在的情况下创造空间本身，尽管它的存在也许只是极其短暂的。尽管霍金在他的科学生涯中并没有尝试解决这个"无中生有"的难题，这个难题却是量子引力理论最终要解决的问题之一。

"虚"宇宙，指的是那些在极短的时间尺度上出现又消失的、极小的、可能非常致密的空间。我们无法直接测量它们，因为它们存在的时间太过短暂。虽然它们有着令人着迷的理论结构，但是似乎无法解释，在大于充满真空的虚粒子存在时间的时间尺度上，物质是如何无中生有的。

在距离一个带电粒子很远的地方也存在着可观测的非零的真实电场。这个电场可能来自这个电荷发射出的许多零能量的虚光子，这是因为发射出零能量的虚光子并不违反能量守恒定律。因此，海森堡不确定性原理并不限制它们在很短的时间内存在然后又回归空无。因为海森堡不确定性原理指出，测量一个粒子能量的不确定性，以及其能量通过虚粒子的发射和吸收而略有变化的可能性与它可观测的时间成反比。所以，零能量的虚粒子基本上可以没有限制地一直保持零能量，也就是说，在被吸收之前，它们可以想存在多久就存在多久，想移动多远就移动多远……这也就使得带电粒子之间的长距离相互作用成为可能。反之，如果光子具有质量，也就意味着光子的能量非零，那么根据海森堡不确定性原理，光子在被再次吸收之前，只能传播很短的时间，电场将表现为一个短距离的场。

类似的观点认为，我们可以想象出一种特定类型的宇宙，它们可以自发地无中生有，并且由于不确定性原理和能量守恒定律的约束而不会立即消失，也就是那种总体能量为零的致密宇宙。

现在，我只想证明，这正是我们所生活的宇宙。这是一种简单的解决方案，但我更感兴趣的是，我们目前对宇宙的理解是否正确，而不仅仅是找到一个明显简单并且能让人信服的方法，能使宇宙无中生有。

我已经解释过平直宇宙中每个物体的平均牛顿引力能都是零，希望我的解释能让人信服。但引力能并不是一个物体的总能量。物体的总能量还包括它的静质能，静质能与物质的静质量相关。换句话说，一个和其他所有物体都距离无穷远的孤立物体在静止时的引力能一定是零。因为它是静止的，它的动能也是零。如果它距离所有其他粒子都无穷远，那么由其他粒子产生的势能也是零。然而，爱因斯坦告诉我们，物体的总能量不仅仅来自引力，还应包括与其质量相关的能量，也就是众所周知的 $E = mc^2$。

为了将这个静质能考虑进来，我们就必须从牛顿引力理论转向广义相对论。按照定义，广义相对论将狭义相对论和 $E = mc^2$ 的效果纳入了引力理论。这里情况就变得更加微妙，也更令人困惑。在与宇宙的大致曲率相当的小尺度上，只要这些尺度上的所有物体以比光速缓慢的速度移动，广义相对论体系中的能量就将回归到我们熟悉的牛顿体系。然而，一旦这些条件不再成立，就另当别论了。

产生这个问题的部分原因是普通物理学中对能量的定义，放在大尺度的弯曲宇宙里并不准确。不同的观测者会采用的不同的参考系来定义空间和时间中的点。这会导致大尺度上系统的总能量不同。为了消除这种影响，我们必须定义一个普适的能量的概念，而且更重要的是，如果要定义任何一个宇宙的总能量，就必须考虑如何求取空间范围，也许是无穷大的宇宙的总能量。

学界对于如何具体做到这一点存在很多争议，科学文献就此给出了各种建议和相应的反对意见。

然而有一件事是可以肯定的：总能量精确为零的宇宙一定不是一个平直宇宙。平直宇宙在空间范围内是无限的，因此其总能量的计算是个难题。总能量精确为零的宇宙是一个封闭宇宙，其中物质和能量的密度足以使空间将自己封闭起来。在一个封闭宇宙中，如果你可以朝一个方向看得够远，最终你会看到自己的后脑勺！

一个封闭的宇宙能量为零的原因相对比较简单。在封闭宇宙中，总电荷量也必须为零。通过类比一个事实可以简单地得出结论。

从法拉第的时代起，人们就认为电荷是电场的源头。按照现代量子力学的说法是电场由虚光子的发射产生。我们想象中的"电场线"从电荷中径向发出，电场线的数量与电荷量成正比，电场线的方向为从正电荷出发，指向负电荷，如图 10-1 所示。

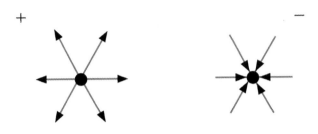

图 10-1　正负电荷电场线的方向

想象这些电场线向外发散到无穷远，并且随着它们的传播，线条彼此之间的距离越来越远。这意味着电场的强度也会越来越弱。然而，在一个封闭宇宙中，与正电荷相关联的电场线可能开始发散分离，但最终，就像地球的经线会在北极和南极再次汇聚起来一样，来自正电荷的电场线将再次汇聚在宇宙的远处。当它们汇聚时，这个场将再次变得越来越强，直到有足够的能量产生一个负的电荷，可以在这个宇宙的另一端"吞噬"掉这些电场线。

对能量而言，可以采用一个非常相似的论证，在这种情况下，我们不再考虑电场通量，而是考虑封闭宇宙中的能量通量。总的正能量，包括与粒子的静质量相关的能量，必须由负的引力能精确补偿，使总能量精确为零。

如果一个封闭宇宙的总能量为零，并且量子引力的路径积分形式是正确的，那么从量子力学的角度来看，这样净能量为零的宇宙就存在自发出现的可能。这些宇宙的空间和时间将是完全独立的。这样的宇宙是与我们的宇宙完全分离的。

但是，这里还存在一个问题。一个充满物质的封闭宇宙通常会膨胀到它最大的尺寸，随后又快速地塌缩，最终形成一个时空奇点。对于这个时空奇点，还没有人知道它塌缩之后的最终命运将是什么，因为人们还没研究出量子引力理论。微小的封闭宇宙的特征寿命将是微观的，或许在"普朗克时间"的量级。"普朗克时间"是量子引力过程的特征尺度，约为 10^{-44} 秒。

不过，还有一种解决上述问题的方法。如果在这样的一个宇宙崩塌之前，它内部的场在一段时间内发生了暴胀，那么即使最初的那些微小的封闭宇宙也可以迅速地以指数形式膨胀，在暴胀阶段形成一个无穷大的平直宇宙。经过大约 100 倍这样的膨胀之后，宇宙将会非常接近平直，它可以轻松地持续比我们的宇宙还要长得多的时间，而不会塌缩。

其实还存在另一种可能性。每当想起这种可能性，我总会产生一丝怀旧和羡慕的情绪，因为这对我而言不啻为一次重要的学习机会。当我在哈佛大学读博士后的时候，我正在研究可适用于引力场的量子力学。这时我得知了我的研究生同学兼好朋友伊恩·阿弗莱克（Ian Affleck）的一个研究成果。阿弗莱克是加拿大人，我在麻省理工学院的时候他还只是哈佛大学的研究生。但阿弗莱克比我早几年开始攻读博士后，并已经开始使用费曼的数学理论来计算如何能在强磁场中生成粒子和反粒子。他所使用的费曼的数学理论现在也被我们用于处理基本粒子和场，也就是量子场论。

我意识到，如果把阿弗莱克推导出的公式应用到引力上，他所描述的"瞬子"（instanton）和一个暴胀的宇宙非常类似。但是，它看起来就像是一个无中生有的暴胀宇宙！在把这一结果写成文章之前，我想先确定如何从物理角度解释用数学推导出的结果。然而我很快就发现，就在我还在琢磨的时候，我之前提到过的那位富有创造力的宇宙学家亚历克斯·维连金写了一篇文章，正好从这个角度描述了量子引力的确可能从空无中直接创造出一个宇宙。从那时起我们成了朋友。我被人抢了先，但是我也没什么可沮丧的，因为坦白说当时我还没有完全理清思路，而且亚历克斯有我所没有的勇气，去提出一些新的见解。我由此领悟到，一个人不必等到完全理解一切之后再去发表自己的见解。后来，我也是在那几篇最重要的论文发表很久之后，才把相关内容完全吃透。

霍金和他的合作者吉姆·哈特尔（Jim Hartle）提出了一个截然不同的方案来试图确定这些可能无中生有的宇宙的"边界条件"，其中最重要的两点如下。

1. 在量子引力背景下，宇宙可以，而且总是会自发地从空无中出现。这样的宇宙不一定是空的，但可以含有物质和辐射，只要总能量（包括与引力相关的负能量）为零。

2. 为了使通过这种机制产生的封闭宇宙具有更长的生命周期，而非只能存在无限短的时间，就必须借助类似暴胀的机制。结果是，由这种图景所产生的唯一可以期待有着长寿命周期的宇宙只能是我们今天生活在其中的平直宇宙。

结论是非常清晰的：量子引力不仅允许从空无之中创造出宇宙，而且这些宇宙必须存在。"空无"在这种情况下指的是没有空间、没有时间、没有任何东西且不稳定的。

　　此外，如果这样一个宇宙能够持续存在很长时间，那么它所具有的大多数的特征就是我们的宇宙中所能观察到的那些。

　　这是否证明了我们的宇宙就是从空无中产生的？当然不是。但是，这确实提升了这种情景的合理性，同时它还消除了另一种可能出现的反对意见。

　　在这种反对意见中，"空无"意味着真空但预先存在的空间。同时它还要求这个空间遵守确定已知的物理定律。而现在，对空间的这些要求已被去除。

　　但是，像我们将在下一章讨论的，那些物理定律也不一定是必需的。

A UNIVERSE
FROM NOTHING

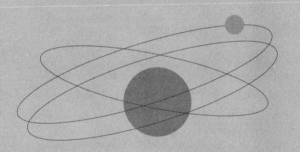

11

勇敢新世界

这是一个最好的时代，也是一个最坏的时代。

——查尔斯·狄更斯

　　创世这个观念的症结在于，它依赖于某些外部因素，也就是说需要有某些系统本身以外的东西预先存在，以便为系统的出现创造必要的条件。而这通常也就是人们需要诉诸上帝或某种独立于空间、时间，以及物理现实的存在的意义，因为对创世这一问题的求索似乎可以到上帝为止，而不再需要其他什么付出。但在我看来，诉诸上帝这种解决方法对于创世这个深刻的问题来说过于简单。借助道德的起源这个他山之石也许可以更好地解释我的观点。这是我从我的朋友史蒂芬·平克（Steven Pinker）[1]那里学到的。

　　道德是外在的和绝对的，还是取决于生物和环境因素？道德是否可以由科学决定？在亚利桑那州立大学组织的关于这个问题的辩论中，平克指出了以下这个难题。

　　　像许多笃信的宗教人士一样，如果有人认为，没有上帝就不会有终极的对和错，即上帝替我们决定了是非对错，那么我们就可以

---

① 世界知名思想家、哈佛大学心理学教授。其"语言与人性"四部曲《思想本质》《语言本能》《心智探奇》《白板》中文简体字版已由湛庐策划、浙江人民出版社出版。——编者注

提出这样的问题：如果上帝规定强奸和谋杀在道德上可以接受，那么人类是否也会认同呢？

虽然有些人可能会回答"是"，但我认为大多数信徒都会说："不，上帝不会这样规定。"可是为什么不呢？上帝也许会有一个不这样规定的理由。这个理由可能是强奸和谋杀是不道德的。但是，如果上帝也必须找个理由，那为什么还需要这位上帝作为中间人呢？

我们不妨对宇宙的创生应用类似的推理。迄今为止，我提供的所有例子都在说明我们宇宙中的物质是从空无中产生的，但这种创世的规则，也就是物理学定律，看上去像是预先规定好的。那么这些定律又来自哪里？

或许有两种可能。一种可能是上帝，或者某位不受定律束缚的神圣存在制定了这些规则，这些定律或许是他们的即兴创作，也或许是他们的精心安排。另一种可能是一些不属于超自然的机制设置了定律。

如果是上帝决定了这些定律的存在，那么你可以继续问，又是什么或者是谁决定了上帝的定律？罗马天主教教会对这个问题的经典回答是，在造物主那诸多的神性当中，他本身就是所有原因的原因，或者像亚里士多德所说，他就是第一因（First Cause，按照阿奎那的说法），他就是原动力（Prime Mover）。

有趣的是，亚里士多德意识到了第一因的问题，并且据此认为宇宙必须是永恒的。此外，他认为上帝是完全自我实现的存在，它的爱驱使着原动力的运动，所以他也必须是永恒的。运动的出现并不是由于原动力创造了它，而是由于原动力赋予了它终极目标。亚里士多德认为这个终极目标也应该是永恒的。

亚里士多德认为，将第一因等同于上帝不尽人意。他认为对第一因采用柏拉图式的解释是错误的，这主要是因为每一个原因还必须有一个前因，在他看来，这也就意味着宇宙必须是永恒的。但是，如果把上帝作为所有原因的原因，那就意味着即使宇宙不是永恒的，上帝也是永恒的。这样的确可以结束那一连串的"为什么"。然而正如我之前所说的那样，这只是一种在没有任何证据的情况下就把答案归结到一个全知全能的神的做法。

很明显的第一因在逻辑上的必要性对于任何一个有开端的宇宙而言都是一个无法回避的问题。因此，仅仅从逻辑层面看，确实不能排除这种自然神论的观点。但即便如此，还是有必要强调，这里的"神"与世界上那些伟大的宗教中的神并无逻辑关系，尽管它常被宗教用来证明神存在的合理性。一个自然神论者往往不得不去寻求某种能够建立自然秩序的智慧体，但他通常不会因为同样的逻辑去笃信某个宗教中的神。

对这些问题的争论持续了数千年，无论智者还是愚人都参与到了讨论之中，甚至后者中的许多人仍在依靠对这些问题的辩论谋生。现在，当我们对物理现实的本质有了更深入的了解之后，我们可以回到这些问题上来。亚里士多德和阿奎那都不知道银河系的存在，更不用说大爆炸或量子力学了。因此，必须在新的知识体系下重新诠释他们和后来的中世纪哲学家们当时面临的问题。

比如，在现代宇宙学图景的指引下，再去讨论亚里士多德所说的第一因不存在，就可以将其理解为这些最开始的因或许在所有方向上都可以追溯到无穷远。因此就不再有开始，不再有创世，也不再有结束。

到目前为止，当我描述为何能无中生有时，我所关注的是从已经存在的真空中造物，或是从更为空无的状态创造出真空。当我在考虑"无物"时，这两个初始条件都适用，因此它们都是空无的候选者。然而，我还没有直接讨论过，如果在这样的创造之前有物存在，那么存在的会是什么，又是什么定律决定了创造本身，或者更普遍地说，我还没有讨论一些可能会被认为是第一因的事物。一个简单的答案当然是真空或者比真空更为空无的状态，是预先存在的，并且是永恒的。然而，这会产生一个可能无解的问题。这个问题就是，如果有什么人或物确立了这种决定创造本身的定律，那它是什么。

有一件事是肯定的，和我辩论创造问题的人都坚信形而上学的"定律"，也就是"空无来自空无"这种论调并没有科学依据。如果争辩说创造问题是自明的、坚定不移的、无可争议的，那就犯了和达尔文一样的错误。通过和物质不能被创造或毁灭的错误主张进行类比，达尔文提出生命起源的问题超越了科学的领域。这代表他不愿意承认大自然可能比哲学家或神学家更聪明。

此外，那些认为空无来自空无的人似乎都完全满足于这样一个不切实际的想法，即上帝可以解释这一点。但如果将真正的空无定义为不存在无中生有的可能性，那么上帝肯定也就无法让奇迹发生，因为如果他确实从空无中造就了物，那无中生有就是可能的。简单地主张上帝可以做大自然不能做的事情就等于是在主张，超自然力与常规自然力是不一样的。但是，这似乎是由提前就已经做出决定的神学家所设计的逻辑陷阱。他们首先假设了超自然（即上帝）的必然存在，然后完全脱离任何经验基础地将其作为自身哲学思想的基石，再用这些哲学思想排除其他一切，仅认可上帝存在的这个可能性。

无论如何，假设存在一个可以解决这个难题的神，就需要这个神存在于宇宙之外，并且这个神要么不受时间的影响，要么是永恒的。

我们对宇宙的现代理解提供了针对这个问题的另一种解决方案，并且我认为这个解决方案更符合物理规律，在逻辑上也更严密，虽然这个解决方案和一个外部的创造者有一些相同的特征。

这个解决方案就是多重宇宙的概念。有这样一种可能，世间其实存在很多、甚至可能是无穷多个独立且因果分离的宇宙，每一个宇宙中基本的物理特征都可能各不相同，而我们的宇宙仅是其中的一个。这为理解我们的存在带来了一个全新的可能性。

这样的图景会带来一个不尽如人意但真实存在的影响，那就是在某种意义上，物理学可能只是一种环境科学。我觉得这一点不尽如人意，是因为在我的成长历程中，我一直认为科学的目标是解释为什么宇宙是现在这样以及它的演变过程。如果物理学只是环境科学，那我们所知道的物理定律只是一场与我们有关的意外，那么科学的基本目标也就错了。但是，如果事实证明这个想法是对的，我也会克服我的偏见。在这幅图景中，自然的基本力和常数并不比地球与太阳的距离更特殊。我们生活在地球上而不是火星上，不是因为地球与太阳的距离有什么深刻又重要的意义，而只是因为如果地球位于不同的位置，那么我们所知道的生命将不可能在地球上演化出来。

这些和人类相关的论据是非常不可靠的。此外，我们无法明确知道其他的宇宙中各种基本常数和力与我们宇宙的基本常数和基本力有何异同，它们又有着怎样的数值和形式，以及它们在所有宇宙中的概率分布，我们也不知道我们的宇宙有多"典型"。在这样的前提下，几乎不可能基于这些论据进行具体的预测。如果我们并不是"典型"的生命形式，那么如果存在"人择"，可能就要基于完全不同的因素了。

然而，多重宇宙，无论是栖身于更高维度之中的多重宇宙，还是如永恒暴胀那样在三维空间中出现的无限复制的一系列宇宙，都改变了我们对自身所在宇宙的产生过程以及这个宇宙产生所需条件的看法。

这样一来，是什么决定了允许我们的宇宙形成和演化的自然规律，这一问题就没那么重要了。如果自然规律本身是随机和偶然的，那么我们的宇宙就没有什么预先存在的"因"。通常来说，任何不被禁止的事情都是有可能发生的。那么，就一定会有某个宇宙，其中也有我们发现的这些规律，也不需要任何机制或者实体来限定自然法则，因为它们几乎可以是任何形态。目前还没有一个能够解释多重宇宙图景细节特征的基本理论，所以我们尚不知道事实如何。虽然为了在计算多重宇宙可能性方面取得科学进展，我们通常假设某些属性或者某些机制在所有的可能性中都适用，例如量子力学。我不知道这样是否合理，据我所知目前也没有这方面的研究成果。

也许根本就不存在基本理论。虽然我成为一名物理学家是因为我希望有这样的一个理论，并且我希望自己能为发现它做出贡献，但是我也曾感慨，这个愿望也许永远也无法达成。我从费曼的发言中得到了安慰。我之前简单地总结过，但是想在这里把它完整地摘录下来。

人们问我："你在寻找物理学的终极定律吗？"不，不是的。我只想找出更多关于这个世界的信息。如果事实证明，的确有一个简单的终极定律能解释一切，那自然很好，这会是一个伟大的发现。但如果事实证明它就像一个有数百万层的洋葱，而我们厌倦了一层又一层检视它的话，那也无可奈何。我对科学的兴趣只在于更多地了解世界，而且了解得越多就越好。我只是喜欢去发现。

你可以更进一步地从不同的角度来理解这个观点，这也有助于理解本书的核心论点。在任何一种类型的多重宇宙中，可能都会有无穷多的区域，它们可能无限大，也可能无穷小。有的区域中可能只有"空无"，而另一些区域中可能有"物质"。此时，对于为什么有物而不是空无的回答就几乎又成了老生常谈：我们的宇宙有物质只是因为如果一切皆空，我们就不会发现自己生活在其中！

我能理解对于一个由来已久又意义深远的问题，这样一个微不足道的答复会令人感到多么沮丧。但是科学告诉我们，无论是意义深远还是微不足道的事情都可能与我们当初的认知大相径庭。

宇宙的奇特和丰富远超人类贫乏的想象力。现代宇宙学的发展使我们产生了一个世纪以前根本不可能产生的想法。20 世纪和 21 世纪的伟大发现不仅改变了我们所在的世界，而且彻底改变了我们对存在，对也许存在的世界或多个世界的理解。这些世界就在我们眼下，只是隐藏着，直到我们有足够的勇气去寻找它们。

这就是为什么在关于我们存在的根本问题上，哲学和神学无法解决我们的困惑。直到我们睁开眼睛让大自然自己做主之前，我们都只能局限于自己的鼠目寸光。

为什么有物而不是空无？最终，这个问题可能不会比询问为什么有一些花是红色的，而另一些是蓝色的更重要或更深刻。"一些东西"也许总能无中生有。这可能是必须的，独立于潜在的现实本质。或者，也许"一些东西"在多重宇宙中并不是很特别，而是非常普通的。无论如何，真正有用的并不是一直琢磨这个问题，而是参与到令人兴奋的发现旅程中，去揭示我们生活的宇宙过去和现在是如何演变的，去探索最终支配我们存在的过程，这才是我们需要科学的原因。我们可以在这种理解上辅以反思，并称之为哲学。但是，只有通过继续探索宇宙中我们可以访问的每一个角落，我们才能真正形成对人类在宇宙中所处地位的有效理解。

在结束本书之前，我想提出这个问题的另一个方面。这个方面我之前没有提到过，但是我觉得值得以此结束。为什么有物而不是空无这个问题中隐含了唯我论的预期，也就是有"物"会持续存在。无论如何，宇宙仿佛"进步"到了我们存在于其中的阶段，就好像我们是创世的巅峰。基于我们所了解的关于宇宙的一切，在未来，也许是无限遥远的未来，空无更有可能再次统治宇宙。

如果我们生活在一个由真空能量所主导的宇宙中，那么宇宙的未来确实是凄凉的——天空变得寒冷、黑暗、空无一物。而真实情况只会更糟。对生命的未来而言，以真空的能量为主导的宇宙是所有宇宙中最差的一个。在这样一个宇宙中，任何文明最终都一定会消失，因为没有可供生物生存下去的能量。经过不可思议的漫长的时间，某种量子涨落或者某种热扰动可能会创造一个局部区域，其中的生命可以再一次演变和繁荣，但那也会是短暂的。未来将由一个空无的宇宙主宰，其中没有生命来欣赏它的巨大奥秘。

换句话说，如果在时间开始的时候，构成我们的物质是由量子过程创造的，那么我们也能确定，这些物质将再次消失。物理学是一条双向的道路，起点与终点是相连的。在遥远的未来，质子和中子将会衰减，物质会消失，宇宙将会走向极简和对称的状态。

数学上这也许是美丽的，但这也意味着什么都没有了。这有点像以弗所的赫拉克利特（Heraclitus of Ephesus）所写的："荷马说：'诸神与人能否停止争斗！'但是他错了。他没有发现自己正在为宇宙的毁灭祈祷，因为如果神听从了他的祷告，那么一切都会消失。"或者如希钦斯所言，"涅槃即是虚无"。

这种最终退化为空无的未来的结果虽然极端但可能无法避免。一些弦理论家认为，基于复杂的数学，像我们这样的宇宙，真空中有正能量的宇宙，是不可能稳定的。最终，它必将衰退到真空能量为负值的状态。然后，我们的宇宙将再次向内塌缩成一个点，回归量子朦胧状态，那也是我们的起点。如果这个说法是正确的，那我们的宇宙就会像它突然出现那样突然消失。

在这种情况下，对于这个老问题："为什么有物而不是空无？"答案很简单："这些物并不会存在太久。"

A UNIVERSE
FROM NOTHING

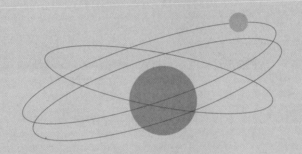

结　语

有了科学，无中生有也不是奇迹

　　将经验事实的认可作为真理的一面是一个深刻的主题，是文艺复兴以来推动文明发展的主要动力。

——雅各布·布朗诺夫斯基

我引用了雅各布·布朗诺夫斯基的另一句话作为本书开篇。

不论是美梦还是噩梦，我们所体验的就是这个世界本身的样子，我们必须清醒地活着。我们生活在一个科学无处不在的世界里。这个世界既完整又真实。我们不能将它视为一场比赛，简单地选择其中一边。

正如我曾经说过的，一个人的美梦是另一个人的噩梦。没有目的或方向的宇宙对于一些人来说可能会使他们的生活变得毫无意义。而对于其他人，包括我在内，这样的宇宙却是令人振奋的。它使我们的存在更加神奇，也激励我们为自己的行动找到意义，并充分利用我们在阳光下存在的短暂时光。只是因为我们在这里，有意识并且有机会这样做。然而，布朗诺夫斯基的观点是，怎么想都无所谓，我们对宇宙的期望是无关紧要的。无论发生了什么，它就是发生了，并且发生在宇宙的尺度上。而在那个尺度上不论即将发生什么，都总会发生，不论我们喜欢与否。我们不能影响过去，我们也不太可能影响未来。

然而，我们可以尝试理解自己存在的境况。我在这本书中已经描述了人类在其演化历史中所经历的最引人注目的探索旅程之一。探索和了解在一个世纪前还是未知的宇宙是史诗般的旅程。这一旅程突破了人类精神世界的极限，将追寻证据的意愿、毕生的精力和探索未知的勇气结合在一起，不在意证据指向何方，也不惧努力付诸东流，还需要加上创造力以及不懈的坚持，才能完成通常看起来单调乏味的任务，处理无尽的方程或面对无休止的实验挑战。

我很喜欢西西弗斯的神话，也喜欢将科学研究比作他挪动巨石的无休止的劳作。他永远也无法完成把巨石推上山顶的任务，因为巨石实在太重，在每次他快要成功的时候巨石就会滚下山去。但正如加缪所想象的那样，西西弗斯却一直在微笑。正处在科学之旅中的我们也应该如此，因为无论结果如何，我们都会有所收获。

过去一个世纪，人类在科学探索中取得了显著进步，科学家们来到了一个转折点。他们有可能解决那个人类历史上最深层次的问题：我们是谁，我们来自何方？

正如我在本书中所描述的，在人类探索科学的过程中，很多问题的具体意义会随着我们对宇宙的理解而发生改变。"宇宙为什么有物而不是空无"这个问题必须放在现在的宇宙学背景下理解，因为现在其中有些词的含义已经和过去不同了，而有和无的界限已经开始消失。两者之间的转换不仅是普遍存在的，而且是必要的。

因此，在我们努力求知的过程中，这个问题本身已经被搁置一边了。我们转而去理解主导自然的过程，这样就可以做出预测，并且在一定在条件下影响未来。在此过程中，我们发现自己生活在这样一个宇宙中，在这个过去被认为一无所有的宇宙中，真空有了新的动力主导着当前宇宙的演变。我们已经发现，所有的迹象都在表明宇宙很可能是从更深层的空无中产生的，这涉及空间本身的缺失。并且这个宇宙也许有一天会回到空无的状态，人们不仅可以理解这个过程，而且知道这一过程不需要任何外部控制或指引。从这个意义上说，科学就像物理学家史蒂文·温伯格所说的那样，它并不能使相信上帝成为不可能，但能使不信上帝成为可能。没有科学，一切都是奇迹。有了科学，无中生有也不是奇迹。

当然，是否选择神创论在于我们自己。我不认为关于这个问题的辩论很快就会结束。但我相信如果我们是诚实的，我们必须做出有依据的选择，依据客观的事实而不是上帝的启示。

写这本书的目的在于提供一幅我们心目中宇宙的可靠图景，描述当前正在推动物理学发展的理论推测和科学家们尝试从观测和理论中去伪存真的过程。

我已经亮明了我的观点：目前我认为我们的宇宙是从空无开始的。因为这是迄今为止最具说服力的理智选择。但你可以做出自己的判断。

我想用一个问题来结束本书。我发现这个问题比无中生有这个问题更吸引人：在创造宇宙时，上帝是否有选择？这个问题是爱因斯坦提出的，它为几乎所有对物质、空间和时间本质的研究提供了根本动机。对这个问题进行研究占据了我职业生涯的大部分时间。

我曾经认为这个问题的答案是唯一的。但是在写这本书的过程中，我改变了自己的观点。显然，如果有一个统一理论，其中包含一系列独特的规律，可以描述并解释我们宇宙的形成过程，以及自宇宙形成以来主导它演化的规则，达成了自牛顿或伽利略以来物理学的目标，那么答案将会是："没有选择，必须如此，并且的确如此。"

但是，如果我们的宇宙不是唯一的，而是一个包含无穷多个宇宙的多重宇宙中的一部分，那么对于爱因斯坦的这个问题，答案会不会是"有选择，而且其实有许多选择"？

也许在多重宇宙中可能有无穷多的组合，这些组合中包含不同的定律和各种粒子、物质、力，甚至可能有完全不同的宇宙从多重宇宙中产生。如果多重宇宙只有一个非常受限制的组合，一个我们能生活下去的宇宙或者类似宇宙的组合，能够为提出这样一个问题的生物的进化提供支持，那么对爱因斯坦的这个问题的答案仍然是否定的。在创造一个爱因斯坦可以提出这个问题的宇宙时，如果符合物理现实的选择只有一种，那么一个可以创造多重宇宙的上帝或者自然力量其实都会受到同样的限制。

这让我莫名地感到满足，因为这意味着哪怕是看似无所不能的上帝，在创造我们的宇宙时也没有自由。

宏大壮美的无中生有

理查德·道金斯

牛津大学教授，英国皇家科学院院士

　　没有什么像膨胀的宇宙一样能使人类的思维迅速拓展。天体的音乐就如同一首童谣，在银河交响乐的壮丽和弦之上叮当作响。人类多少个世纪以来对隐喻和维度的理解被改变了，正如地质时代不断侵蚀的风吹散了所谓"古代历史"的迷雾。尽管劳伦斯·克劳斯确保宇宙的年龄已然精确到四位有效数字，但137.2亿年与将来的万亿年相比，仍然微不足道。

　　克劳斯对遥远未来的宇宙学的描述似乎自相矛盾又令人恐惧。科学的进步竟会逆转。我们自然会认为，如果在公元两万亿年的时候也有宇宙学家，他们看宇宙的视野将会远比我们广阔。然而，事实并非如此。看完这本书时我才知道有那么多让我震惊的结论，这只是其中之一。在几十亿年的时间里，我们所处的时期才是对宇宙学家真正有利的时期。因为两万亿年之后，宇宙将膨胀到除了宇宙学家自己所在的那一个星系外，其他所有的星系都将退缩到爱因斯坦视界以外的地步。如此绝对，如此不容反驳，这些星系不仅是看不见的，而且不可能留下任何痕迹，哪怕是间接的痕迹。在那时的人们看来，这些星系可能从未存在过。大爆炸的所有痕迹都很可能会永远消失，而且永无恢复的可能。未来的宇宙学家们将会与过去割裂，与他们视界之外的宇宙隔绝，而我们没有。

我们知道银河系是 1 000 亿个星系中的一员，我们知道宇宙发生过大爆炸，因为证据就在我们周围：来自遥远星系的辐射发生了红移，这告诉了我们哈勃膨胀的存在，可以将它倒推回去。我们有幸能看到这些证据，因为我们正注视着一个婴儿般的宇宙，沐浴在这个黎明时代，光线仍然可以从一个星系旅行到另一个星系。正如克劳斯和一位同事诙谐的话语："我们生活在一个非常特别的时刻……只有在这个时刻，我们可以从观测上证实，我们的确生活在一个非常特别的时刻！"三万亿年之后，宇宙学家将被迫回到我们在 20 世纪初的狭隘视野，被锁定在一个单一的星系中。而可以预见的是，这个单一的星系在那时将是宇宙的代名词。

最后，不可避免地，平直宇宙将进一步变得更平直、更空无，映照出它的开始。再不会有宇宙学家去观测宇宙，即使有，也没有什么可供他们观测。什么都没有了，甚至连原子都没有了，只剩下完全的空无。

你不必认为现实太过凄清、太过无情，因为现实从不欠我们一个安慰。当玛格丽特·富勒（Margaret Fuller）用我想象中的一声满意的长叹说道："我接受这个宇宙！"托马斯·卡莱尔（Thomas Carlyle）的凌厉回应是："她最好如此！"就我个人而言，我认为这个无尽平直的空无陷入永恒的静寂时，自有一种壮丽，值得我们勇敢面对的。

但是，如果有什么可以逐渐平直成为空无，那么空无能否成为一些事物的源泉让他们从中空无诞生？或者，引用一个神学的古老说法，为什么有物而不是空无？

现在，我们来看看合上克劳斯的这本书时，我们所得到的最重要的收获。物理学不仅告诉我们如何无中生有，它还进一步向我们展示了空无是不稳定的：无中生有是注定的。如果我正确理解了克劳斯的话，那么这个过程就一直在发生：这个原则听起来像物理学家眼中的负负得正。粒子和反粒子像亚原子版的萤火虫一样一闪一闪，相互湮灭，然后通过逆向过程，从空无中重生。

无中生有以一种宏大的方式发生于空间和时间的起点，发生于大爆炸的奇点。紧随其后的是暴胀时期，在这个时期，宇宙和其中的一切，用不到一秒的时间增长了28个数量级，这是1后面跟着28个零，你猜这个数字有多大。

多么荒谬可笑的想法！这些科学家，他们竟然像中世纪的信徒一样开始在大头针尖上数天使，或者开始争论质变的"神秘性"。

不，不是这样的，完全不是。有很多科学无法解释的事情，但科学家们仍在努力工作。只要是我们已经知道的事情，我们便不只是一知半解。正如我们不仅知道宇宙不是只有几千岁，而且知道它已存在了数十亿年。我们不仅确定这个事实，而且知道准确的数值——宇宙年龄的测量值已精确到四位有效数字。这足以令人印象深刻，但与克劳斯及其同事的那些令人惊叹的精准预言相比，这又算不了什么。克劳斯心中的英雄费曼指出，量子理论的一些预测基于部分古怪的假设，这些假设甚至比最会故弄玄虚的神学家梦里的东西更为荒诞。但这些假设已经得到了极其精确的验证，这种精确度相当于在预测纽约和洛杉矶之间的距离时误差不超过一根头发丝的直径。

神学家可能会对大头针尖上的天使，或者类似天使的东西进行猜测。物理学家似乎也有自己的天使，在他们自己的大头针上，那就是量子和夸克，"粲"（charm）、"奇异数"和"自旋"。两者的区别是，物理学家能够数清他们的天使，并且可以把数目精确到百亿分之一：一个也不多，一个也不少。科学可能是奇怪的和不可理解的，也许比神学更奇怪，更不可理解。但是科学起作用，它能给出结果。它可以让你飞到土星，在途经金星和木星时用引力弹弓效应给你加速。普通人可能无法理解量子理论，就像我，但是我们不能简单地说一个能将对现实世界的预测精确到小数点后十位的理论是错误的。而神学不但没有小数位，它甚至缺少与现实世界的联系。正如托马斯·杰斐逊在成立弗吉尼亚大学时所说，"在我们的机构中不应该有神学教授存在。"

如果你问宗教信徒他们为什么相信神，你可能会发现一些"老练的"神学家会把上帝说成是"所有存在的基础"，或者说成是"人际关系的象征"，或是一些类似这样的托词。但是大多数信徒更诚实也更脆弱，会跳跃到一个从"设计"或"第一因"开始论证的版本。和大卫·休谟同一水准的哲学家甚至不需要从扶手椅上站起来，就能证明所有这些论点的致命弱点：它们都引出了创世者的起源问题。但是，在现实世界中的小猎犬号上，达尔文发现了简单易行且不会引出其他问题的方法来代替"设计"，那就是生物学。生物学一直是自然神学家最喜欢的狩猎场，而达尔文出现之后把他们都赶走了。但达尔文一定不是故意的，因为他是最善良也最温和的人，于是，这些自然神学家逃到了物理学的精妙领域开始探讨起了宇宙的起源，却发现克劳斯和她的前辈们在等着他们。

你是否会觉得物理定律和常数看起来像一场处心积虑的骗局，只是为了解释我们为什么存在？你是否认为一定是有某个神导致了一切的开始？如果你觉得这样的论点没有什么问题，请阅读维克托·斯滕格（Victor Stenger）的著作，阅读史蒂文·温伯格、彼得·阿特金斯（Peter Atkins）、马丁·里斯（Martin Rees）[①] 和史蒂芬·霍金的著作。除此之外，现在我们

---

① 剑桥大学天体物理学家，英国皇家学会前任主席，其科普力作《六个数》中文简体字版已由湛庐策划、天津科学技术出版社出版。——编者注

还可以读克劳斯的著作。在我看来这本书就像是对神学的致命一击。即使是神学家手中最后的王牌"宇宙为什么有物而不是空无"，在你翻阅这本书的时候，它也会在你的眼前被摧毁……如果《物种起源》是生物学对超自然主义最致命的打击，那么我们可能会看到《无中生有的宇宙》在宇宙学中有着同等的作用。标题的意思显而易见，它正是要打破旧观念。

未来，属于终身学习者

我这辈子遇到的聪明人（来自各行各业的聪明人）没有不每天阅读的——没有，一个都没有。巴菲特读书之多，我读书之多，可能会让你感到吃惊。孩子们都笑话我。他们觉得我是一本长了两条腿的书。

——查理·芒格

互联网改变了信息连接的方式；指数型技术在迅速颠覆着现有的商业世界；人工智能已经开始抢占人类的工作岗位……

未来，到底需要什么样的人才？

改变命运唯一的策略是你要变成终身学习者。未来世界将不再需要单一的技能型人才，而是需要具备完善的知识结构、极强逻辑思考力和高感知力的复合型人才。优秀的人往往通过阅读建立足够强大的抽象思维能力，获得异于众人的思考和整合能力。未来，将属于终身学习者！而阅读必定和终身学习形影不离。

很多人读书，追求的是干货，寻求的是立刻行之有效的解决方案。其实这是一种留在舒适区的阅读方法。在这个充满不确定性的年代，答案不会简单地出现在书里，因为生活根本就没有标准确切的答案，你也不能期望过去的经验能解决未来的问题。

而真正的阅读，应该在书中与智者同行思考，借他们的视角看到世界的多元性，提出比答案更重要的好问题，在不确定的时代中领先起跑。

湛庐阅读 App：与最聪明的人共同进化

有人常常把成本支出的焦点放在书价上，把读完一本书当作阅读的终结。其实不然。

时间是读者付出的最大阅读成本

怎么读是读者面临的最大阅读障碍

"读书破万卷"不仅仅在"万"，更重要的是在"破"！

现在，我们构建了全新的"湛庐阅读"App。它将成为你"破万卷"的新居所。在这里：

● 不用考虑读什么，你可以便捷找到纸书、电子书、有声书和各种声音产品；

● 你可以学会怎么读，你将发现集泛读、通读、精读于一体的阅读解决方案；

● 你会与作者、译者、专家、推荐人和阅读教练相遇，他们是优质思想的发源地；

● 你会与优秀的读者和终身学习者为伍，他们对阅读和学习有着持久的热情和源源不绝的内驱力。

下载湛庐阅读 App，
坚持亲自阅读，
有声书、电子书、阅读服务，
一站获得。

本书阅读资料包

给你便捷、高效、全面的阅读体验

本书参考资料

☑ **参考文献**
为了环保、节约纸张,部分图书的参考文献以电子版方式提供

☑ **主题书单**
编辑精心推荐的延伸阅读书单,助你开启主题式阅读

☑ **图片资料**
提供部分图片的高清彩色原版大图,方便保存和分享

相关阅读服务

☑ **电子书**
便捷、高效,方便检索,易于携带,随时更新

☑ **有声书**
保护视力,随时随地,有温度、有情感地听本书

☑ **精读班**
2~4周,最懂这本书的人带你读完、读懂、读透这本好书

☑ **课　程**
课程权威专家给你开书单,带你快速浏览一个领域的知识概貌

☑ **讲　书**
30分钟,大咖给你讲本书,让你挑书不费劲

湛庐编辑为你独家呈现
助你更好获得书里和书外的思想和智慧,请扫码查收!

(阅读资料包的内容因书而异,最终以湛庐阅读App页面为准)